Ben Stacy Jerrik (Hrsg.)

Bermin-See

Ben Stacy Jerrik (Hrsg.)

Bermin-See

Kratersee, Kamerun, Buntbarsche, Substratlaicher, Süßwasserschwämme, Vulkankrater

Part Press

Publisher:
Part Press is a trademark of
International Book Market Service Ltd., 17 Rue Meldrum, Beau Bassin, 1713-01 Mauritius
Email: info@bookmarketservice.com
Website: www.bookmarketservice.com

Published in 2011

Printed in: U.S.A., U.K., Germany. This book was not produced in Mauritius.

ISBN: 978-613-8-75142-7

Contents

Articles

References

Bermin-See

Bermin-See	
Bild gesucht	
Geographische Lage	Kamerun
Daten	
Koordinaten	5° 9′ 33″ N, 9° 38′ 1″ O [1]Koordinaten: 5° 9′ 33″ N, 9° 38′ 1″ O [1]
Fläche	0,5 km²
Maximale Tiefe	16 m

Der **Bermin-See** ist ein Kratersee im Westen Kameruns. Er erreicht einen Durchmesser von 700 Meter und eine Tiefe von 16 Meter.

Fauna

Die Fischfauna des Sees besteht nur aus neun Buntbarscharten, die in die Verwandtschaft des substratbrütenden *Tilapia guineensis* gehören, darunter *Tilapia spongotroktis*, der sich von Süßwasserschwämmen ernährt.

Quellen

- Uli Schiewen: *Vielfalt auf kleinstem Raum - Kameruns Südwestprovinz.* in DATZ, 2/2003, ISSN 1616-3222 [2]

References

[1] http://toolserver.org/~geohack/geohack.php?pagename=Bermin-See&language=de¶ms=5.15916666667_N_9.63361111111_E_dim:5000_region:CM_type:waterbody&title=Bermin-See
[2] http://dispatch.opac.d-nb.de/DB=1.1/CMD?ACT=SRCHA&IKT=8&TRM=1616-3222

Kratersee

Ein **Kratersee** ist ein See, der entsteht, wenn sich ein Vulkankrater (echter Kratersee), eine Caldera, ein Maar oder ein Einschlagkrater (etwa eines Meteoriten) mit Wasser füllt.

Irazú, Costa Rica

Da Krater in der Regel kreisförmig sind und von einem höheren Kraterrand umgeben sind, besitzt ein Kratersee nur kleinere Zuflüsse und häufig keinen Abfluss. Typischerweise füllt sich ein Krater durch Regenwasser (oder aber, vor allem bei Maaren, durch Grundwasser) und erreicht sein Gleichgewicht durch Versickerung und Verdunstung. Durch Erosion kann im Laufe der Zeit ein (oberirdischer) Abfluss entstehen oder es kann sich auch ein Durchfluss bilden, wie beim Tauposee auf Neuseeland, der vom Waikato River durchflossen wird.

Wenchi, Äthiopien

Durch die Entstehungsgeschichte und die isolierte Stellung im Wasserkreislauf erklären sich die Besonderheiten in der Pflanzen- und Tierwelt eines Kratersees. Das Wasser in einem Vulkankrater besitzt manchmal chemische Bestandteile, die das Leben unmöglich machen, und kann sehr heiß werden. Beispiele für solche oft farbigen Säureseen sind der Rincón de la Vieja und der Irazú (beide in Costa Rica). Auch der Gehalt an Kohlendioxid kann extrem hoch sein (siehe die Katastrophe von Nyos).

Beispiele für Kraterseen

Der See, der 1991 beim Ausbruch des Pinatubo entstand, Philippinen

Der Nyos-See nach seiner Ausgasung 1986

- Afrika
  - Wenchi (Caldera, Äthiopien) [1]
  - Bosumtwi (Einschlagkrater, Ghana)
  - Nyos-See (Maar, Kamerun)
  - Barombi Mbo, Kamerun
  - Bermin-See, Kamerun
  - Ejagham-See, Kamerun
  - Dissoni-See, Kamerun
- Amerika
  - Katmai (Caldera, Alaska, USA)
  - Crater Lake (Caldera, Oregon, USA)
  - Lac Saint-Jean (Einschlagkrater, Québec, Kanada)
  - Cuicocha (Caldera, Ecuador)
  - Irazú (Vulkankrater, Costa Rica)
  - Rincón de la Vieja (Vulkankrater, Costa Rica)
  - Lago de Atitlán, Guatemala
  - Apoyosee, Nicaragua
- Asien
  - Elgygytgyn (Einschlagkrater, Nordostsibirien)
  - Nemrut Dağı (Caldera, Türkei)
  - Kurilensee (Caldera, Kamtschatka, Russland)

  - Himmelssee (Gipfelcaldera des Paektusan, Nordkorea/VR China)
  - Pinatubo (Philippinen)
  - Kelut (Indonesien)
  - Sabalan (Iran)
  - Tobasee (Caldera, Indonesien)
  - Towada (Caldera, Japan)
  - Tazawa (Caldera, Japan)
- Australien und Ozeanien
  - Tauposee (Caldera, Neuseeland)
- Europa
  - Laacher See (Caldera, oft als Maar bezeichnet, Rheinland-Pfalz, Deutschland)
  - Windsborner Kratersee (Vulkankrater, Rheinland-Pfalz, Deutschland)
  - Bolsenasee (Caldera), Italien
  - Kerið (Island)
  - Öskjuvatn (Caldera, Island)
  - Siljansee (See in einem Einschlagkrater, Schweden)
- Mars
  - Jezero-Kratersee

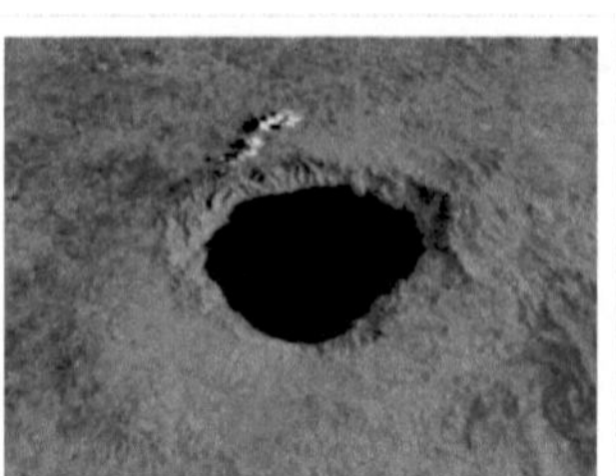

Der Bosumtwi-See in Ghana, ein See im Einschlagkrater eines Meteoriten

Einzelnachweise

[1] Wenchi/Wonchi bei Oregonstate (http://volcano.oregonstate.edu/oldroot/volcanoes/volc_images/africa/Wonchi.html) (englisch)

Kamerun

République du Cameroun (frz.) **Republic of Cameroon** (engl.) Republik Kamerun	
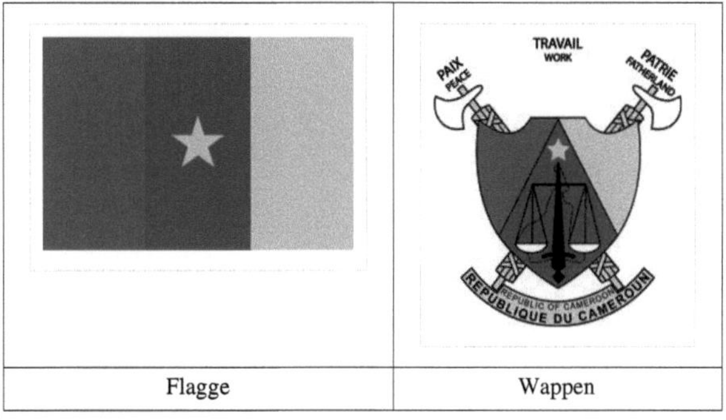 Flagge Wappen	
Wahlspruch: *Paix, Travail, Patrie / Peace, Work, Fatherland* (frz. bzw. eng., „Frieden, Arbeit, Vaterland")	
Amtssprache	Französisch und Englisch
Hauptstadt	Jaunde (engl: Yaounde; frz. Yaoundé)
Staatsform	Präsidialrepublik
Staatsoberhaupt	Präsident Paul Biya
Regierungschef	Premierminister Philémon Yang
Fläche	475.442 km²
Einwohnerzahl	19.711.291(Quelle: CIA Juli 2011)[1]
Bevölkerungsdichte	35,7 Einwohner pro km²
Bruttoinlandsprodukt nominal (2009)[1]	42.778 Mio. US$ (95.)
Bruttoinlandsprodukt pro Einwohner	1.095 US$ (129.)
Human Development Index	0,460 (131.)
Währung	1 CFA-Franc BEAC
Unabhängigkeit	von Frankreich am 1. Januar 1960, von Großbritannien am 1. Oktober 1961
Nationalhymne	*Chant de Ralliement*
Zeitzone	UTC+1 / en:West_Africa_Time
Kfz-Kennzeichen	CAM
Internet-TLD	.cm
Telefonvorwahl	+237

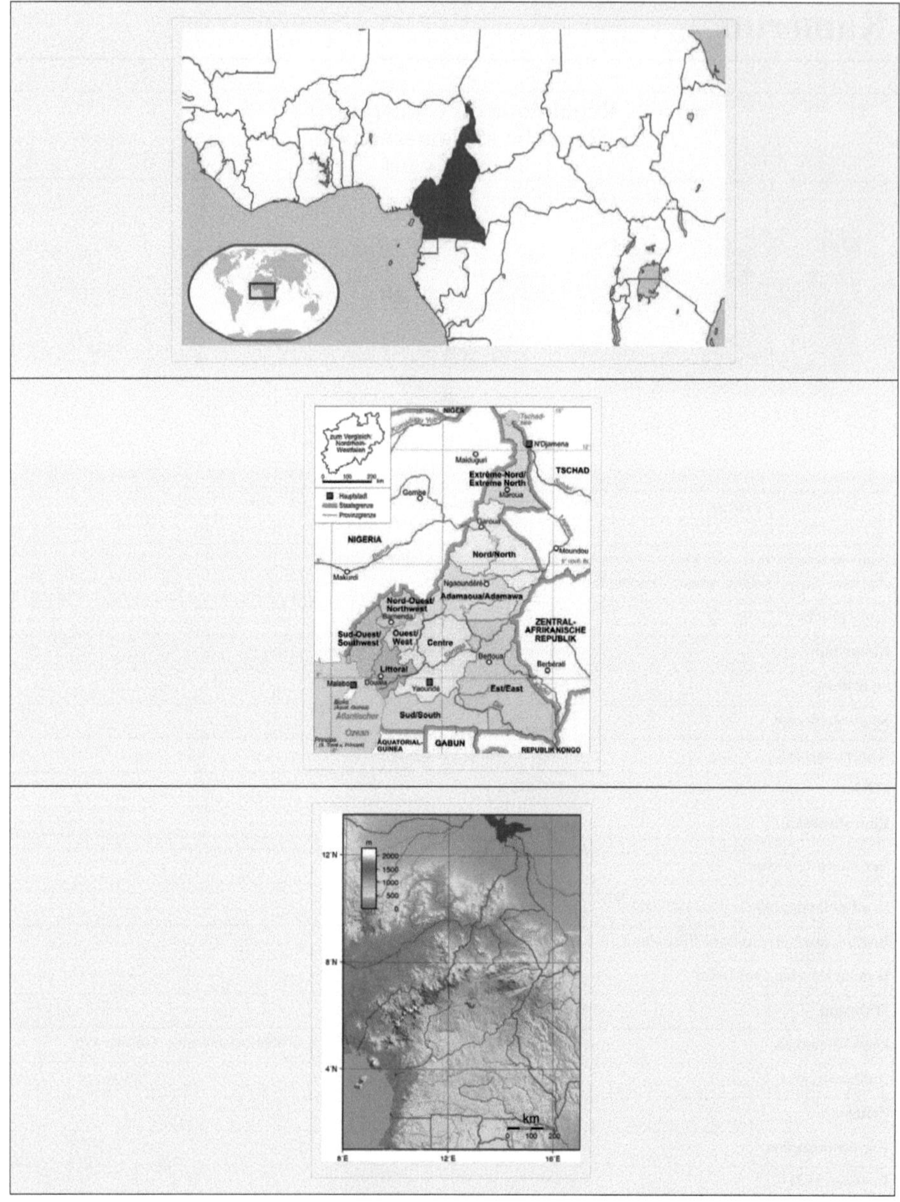

Kamerun [ˈkaməruːn, kaməˈruːn] (frz.: **Cameroun** [kamˈʀun]; engl.: **Cameroon** [ˈkæməˌɹuːn, ˌkæməˈruːn]) liegt in Zentralafrika und grenzt an Nigeria, den Tschad, die Zentralafrikanische Republik, die Republik Kongo, Gabun, Äquatorialguinea und den Atlantischen Ozean durch die Bucht von Bonny.

Landesname

Die portugiesischen Seefahrer, die als erste Europäer die Region erreichten, gaben einem Fluss den Namen *Camarões* nach den Garnelen, die sie dort fanden. Später wurde der Name für die umliegenden Berge und von der deutschen Kolonialverwaltung zunächst für die heutige Stadt Duala und später für das ganze Land übernommen.[2]

Geographie

Das Landesinnere besteht vorwiegend aus flachen Plateaus, die sich nach Norden zum Adamaua-Hochland erheben und dann allmählich wieder zur Niederung des Tschadsees im äußersten Norden abfallen. Der Westen ist von vulkanischem Gebirge bestimmt, das in Küstennähe vom aktiven Vulkan und der höchsten Erhebung Westafrikas, dem Kamerunberg, überragt wird. Die südlichen Plateaus sind mit tropischem Regenwald bedeckt und senken sich zu breiten Ebenen in der Küstengegend ab.

Das Klima ist tropisch mit niederschlagsreichen Regenperioden und hohen Temperaturen, die in den Höhenlagen gemildert sind. Im Norden des Landes, beim Tschadsee, ist das Klima trocken. Das tropische Klima insgesamt lässt eine Unterteilung in drei regionale Klimazonen zu. Im Norden des Landes ist es wechselfeucht mit einer Trockenzeit von Oktober bis April und einer durchschnittlichen Niederschlagsmenge von rund 700 mm im Jahr. Hier liegen Kameruns Anteile am Tschadbecken mit den Überflutungsgebieten des Logone in der Waza-Ebene. Die Zeit, in der der geringe Niederschlag fällt, erstreckt sich von Juli bis September. Die mittlere Temperatur liegt bei 32,2 °C. Aufgrund der hohen Temperaturen und den dazu im Gegensatz stehenden geringen Niederschlägen liegt in diesem Raum eine mittlere Dürrewahrscheinlichkeit (alle zwei bis fünf Jahre) vor. Im sich nach Süden anschließenden inneren Hochland (1.000 bis 1.500 m über dem Meer) erreicht die Temperatur durchschnittlich 22 °C im Jahr und es fallen Niederschläge von 1.500 bis 1.600 mm jährlich. Hier vollzieht sich der Wechsel von den Savannen des Nordens zum Regenwald des Südens. Das folgende Westkameruner Bergland weist konstante Niederschläge zwischen 2.000 und 11.000 mm auf. Die Gegend an den südlichen Ausläufen des Kamerunbergs hat durchschnittliche Niederschlagsmengen von 11.000 mm und gehört damit zu den regenreichsten Gebieten der Welt. In diesen beiden Regionen kommt es zu einer „Trockenzeit" zwischen Dezember und Februar, wobei auch diese Zeit nicht vollständig ohne Niederschläge bleibt. Die Küstenebene im Süden hat äquatoriales Klima mit Niederschlägen zwischen 1.500 und 2.000 mm und einer Durchschnittstemperatur von 25 °C. Hier gibt es dichten tropischen Regenwald. Die trockeneren Monate sind Dezember und Januar. Um den Naturraum Kamerun zusammenfassend zu kennzeichnen, lässt sich sagen, dass Kamerun ein „Afrika im Kleinen" darstellt. Bei den in Kameruns Süden und Mitte vorkommenden Böden handelt es sich um ferrallitische Böden, also um Böden der äquatoriale Braunlehme der immerfeuchten Tropen. Im Norden, dem Bereich der Trocken- und Dornensavanne liegen typische rotbraune und rote Böden der Trockensavanne vor.

Umwelt

Laut einer Studie von Bernard Foahom aus dem Jahre 2001 leben in Kamerun mindestens 542 verschiedene Fischarten, von denen 96 Endemiten sind. Außerdem wurden über 15.000 Schmetterlingsarten, 280 Säugetiere (einschließlich der größten und der kleinsten Säugetierart), 165 der 275 in Afrika existierenden Reptilien, 3 Krokodilarten und 190 bis 200 Froschlurche gezählt. Zusätzlich gibt es mindestens 900 verschiedene Vogelarten, von denen etwa 750 in Kamerun heimisch und die übrigen 150 Zugvögel sind.[3]

Im Jahr 2008 wurde entlang der Grenze zu Nigeria der Takamanda-Nationalpark eingerichtet, um die vom Aussterben bedrohten Cross-River-Gorillas zu schützen. Jagd und Entwaldung hatten zu einem Rückgang der Population auf unter 300 Tiere weltweit geführt.[4] Eine weitere Schutzzone ist das Banyang-Mbo-Naturschutzreservat in dem der Waldelefant (*Loxodonta cyclotis*) lebt.

Zum UNESCO-Weltnaturerbe gehören:

- Seit 1987 das Wildtierreservat Dja[5]

Auf der UNESCO-Welterbe-Vorschlagsliste stehen

- Seit 2006 der Nki-Nationalpark[6]
- Seit 2006 der Boumba-Bek-Nationalpark[6]
- Seit 2006 der Lobéké-Nationalpark[7]
- Seit 2006 der Waza-Nationalpark[8]
- Seit 2006 der Campo-Ma'an-Nationalpark[9]
- Seit 2006 der Korup-Nationalpark[10]
- Seit 2006 der Lobé-Wasserfall nahe Kribi[11]
- Seit 2006 der kamerunische Teil des Tschadsees[12]

Ressourcen

Zu den natürlichen Ressourcen des Landes gehören unter anderem Erdöl, Bauxit, Eisenerz, Kaffee, Bananen, Kautschuk, Holz, Gold und Diamanten.

Bevölkerung

Am dichtesten besiedelt sind das Grasland in der West- und Nordwest-Region, die Küstenprovinz um die Hafenstadt Duala und das Gebiet um die Hauptstadt Jaunde. Demgegenüber sind die Mitte und der Südosten des Landes nur dünn besiedelt.

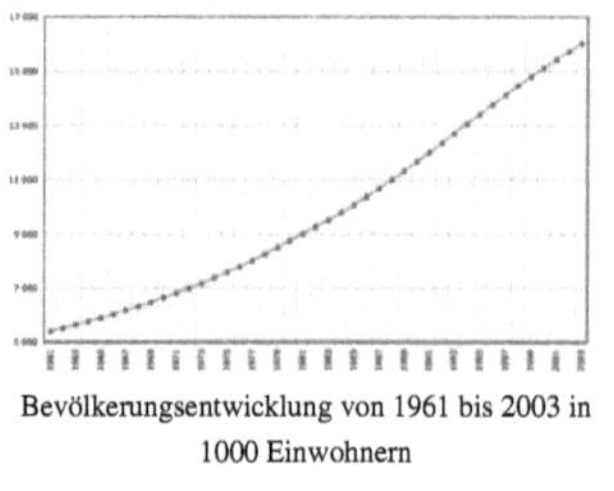
Bevölkerungsentwicklung von 1961 bis 2003 in 1000 Einwohnern

Die Geburtenrate je 1000 Menschen beträgt 36 (Weltdurchschnitt 21), während die Sterberate je 1000 Menschen bei 13 liegt (Weltdurchschnitt 8). 42 % der kamerunischen Bevölkerung sind unter 15 Jahre alt und 4 % über 65 Jahre.[13]

Die Kameruner haben ihr besonders reiches kulturelles Erbe bewahrt, das sich von einem Volk zum anderen stark unterscheidet.

Volksgruppen

Ethnisch gliedert sich Kamerun nach verbreiteter Auffassung in 286 verschiedene Volks- und Sprachgruppen. Im Süden leben die Bantuvölker, welche etwa 40 % der Bevölkerung ausmachen und von denen 19 % Äquatorialbantu und 8 % Nordwestbantu sind. Dazu gehören die Douala (9 % der Bevölkerung) und die Beti-Fang (11,3 % der Gesamtbevölkerung) im Süden und Südwesten. Weitere Bantuvölker sind die Ewondos, die Kpe/Bakwiri, die Basaa, die Ngumba, die Eton, die Bulu, die Makaa, die Njem, die Ndzimu und die Luanda.

Die Semibantu (Kameruner Hochlandbewohner) machen 31 % aus und leben im Zentrum sowie im Norden: Im Westen des Landes und im zentralen Bergland siedeln die Bamiléké-Gruppen (12 % der Gesamtbevölkerung), das größte Volk des Landes, sowie die Bamum (5 % der Bevölkerung). Die Chamba (Samba), die Tikar, die Wute, und die Tiv sind ebenfalls kamerunische Semibantuvölker.[14]

Im Norden leben hauptsächlich sudanische Völker, unter anderem Fulbe (10 % der Bevölkerung), Kanuri, Mandara, Musgum, Kotoko und Massa, ferner ost-nigritische Völker (7 %) wie die Moundang und die Gbaya. Im schwer zugänglichen Berg- und Sumpfland des Nordens, besonders in den Mandarabergen, leben die Kirdi (11 % der Bevölkerung), die von ihren muslimischen Nachbarn als „Heiden" bezeichnet werden, da sie ihre traditionelle Religion beibehalten haben. Ihre Siedlungen sind oft eng an die Felshänge gebaut und von einer Mauer umgeben. Der südliche Regenwald ist Lebensraum einiger Tausend Pygmäen; dieser Lebensraum der Pygmäen im tropischen Regenwald wird durch die starke Holznutzung immer mehr eingeschränkt.[15]

Migranten aus den Nachbarländern Nigeria, Zentralafrikanische Republik und Tschad bilden bedeutende Minderheiten im Land. Unbestätigten Schätzungen zufolge wohnen rund 3 Millionen Nigerianer in Kamerun. Die europäische Minderheit besteht meist aus Franzosen. Die Zahl von chinesischen Migranten hat seit der Jahrtausendwende zugenommen. Weitere zahlenmäßig unbedeutende, aber im öffentlichen Leben auffällige Immigrantengruppen sind Griechen, Libanesen und Inder.

Sprachen

Die Zahl der in Kamerun gesprochenen Sprachen [16] entspricht der Vielzahl der dort siedelnden Ethnien. Amtssprachen sind Französisch (rund 80 % der Bevölkerung) und Englisch (ca. 20 % der Bevölkerung), entsprechend der Zuordnung der Verwaltungsdistrikte nach dem Ersten und Zweiten Weltkrieg (Völkerbundsmandate/UNO-Treuhandschaft). Kameruner Pidginenglisch dient als Lingua franca; daneben gewinnt Camfranglais, eine Mischung aus Englisch, Französisch, Pidgin und mehrerer kamerunischer Sprachen, in den Städten und unter Jugendlichen an Bedeutung.

Die Hauptsprachen des Nordens sind Fulfulde, Kanuri, die Kotoko-Sprachen und Shuwa, im Süden (etwa 40 % der Gesamtbevölkerung) vor allem Sprachen aus dem Nordwestzweig der Benue-Kongo-Familie (Duala, Basaa, Kpe-Mboko, Malimba-Yasa, Makaa, Njyem, Ndsimu, Ngumba und Kunabembe) und verschiedene Beti-Fang-Sprachen, darunter Ewondo, Bulu und Fang. Über 20 % sprechen sudanische und Az-Sande-Sprachen. Wichtige Sprachen im Westen sind Ghomálá, Fé'fé, Medumba und Yemba. Im Grenzgebiet zu Äquatorialguinea wird immer häufiger Spanisch gesprochen.

Europäische Einflüsse sind in verschiedenen Sprachen nachweisbar. *Break* bezeichnet zum Beispiel in Ngemba ‚Brot', *Fara* in Ewondo ‚Pfarrer' und *Karl* in Bassa den französischen Vornamen Charles.

Religion

In Kamerun sind rund 66,7 Prozent der Bevölkerung Christen, davon etwa 27,3 Prozent Protestanten und 32,4 Prozent Anhänger der katholischen Kirche Kameruns, ca. 2,5 Prozent der Bevölkerung sind orthodoxe Christen und 4 Prozent Anhänger anderer christlicher Konfessionen. 27,9 Prozent der Einwohner sind Muslime und nur noch 4,6 Prozent sind Anhänger traditioneller west- und zentralafrikanischer Religionen. 2,1 Prozent bezeichnen sich als Anhänger anderer Religionen und 3,2 Prozent als religionsfrei.[17]

Ein großer Teil der Bevölkerung praktiziert außerdem überlieferte lokale Glaubensvorstellungen. Unter den christlichen Missionsgesellschaften ist im Süden, vor allem in Kribi und Doume, die katholische Pallottiner-Mission in Kamerun von Bedeutung. Die Kameruner Baptisten unterhalten seit über 100 Jahren enge Beziehungen zum deutschen Bund Evangelisch-Freikirchlicher Gemeinden. Die meisten Muslime leben in den nördlichen Regionen des Landes, deren Städte inzwischen stark durch den Islam geprägt sind. Zahlenmäßig sind die Muslime im Norden in der Überzahl.[18]

Soziales

Bildungswesen

Trotz der Schulpflicht beträgt der Anteil der Analphabeten noch über 25 Prozent. Staatliche Universitäten gibt es in Jaunde, Duala, Buea, Dschang und in Ngaunderé. Private Hochschulen sind die Universität Jaunde-Süd (Joseph Ndi-Samba) sowie die katholische zentralafrikanische Universität in Jaunde, die protestantische zentralafrikanische Universität in Jaunde, die adventische Universität in Nanga Ebogo, die Universität des Montagnes in Banganté und die Bamenda-Universität der Technologie und Wissenschaften.

Die Einschulungsquote beträgt 79 % und ist für afrikanische Verhältnisse hoch, jedoch besteht ein starkes Süd-Nord-Gefälle.

Der Primarschulbesuch ist kostenlos. Schulmaterial, Uniformen und Pausenverpflegung müssen von den Eltern getragen werden, was in den südlichen Provinzen die Einschulungsrate senkt. In den nördlichen Provinzen ist die

Einschulungsrate auch aus kulturellen Gründen niedriger.

Eine Auswertung der Daten des *2001 Cameroon Household Survey* ergibt eine Chancengleichheit für Jungen und Mädchen bei der Einschulung; bei Mädchen zeigt sich jedoch eine höhere Schulabbruchquote, sobald ihre Schulkarriere Unregelmäßigkeiten aufweist.[19]

Gesundheitswesen

Die zusammengefasste Fruchtbarkeitsziffer von Kamerun liegt bei 4,7 Kindern je Frau (Stand 2008), was unter anderem daran liegt, dass nur 13 % der verheirateten Frauen moderne Verhütungsmittel zu Verfügung stehen.

Die Lebenserwartung der Männer beträgt 51 Jahre, die der Frauen 52 Jahre (Stand 2008). Die Säuglingssterblichkeit pro 1.000 Geburten beträgt 74 und die Sterblichkeit der Mütter pro 100.000 Geburten 1.000. Je nach Quelle werden zwischen 5,1 %[13] und 7,0 % [1] der erwachsenen Bevölkerung als mit dem HI-Virus infiziert bezeichnet.

Geschichte

Bis 1884 wurde das Gebiet des heutigen Staates Kamerun von einer Vielzahl unterschiedlich organisierter Gesellschaften besiedelt.

Der europäische Einfluss begann im Jahr 1472, als portugiesische Seeleute an der Küste Kameruns landeten. Kamerun erhielt seinen Namen aufgrund der vielen Krabben im Fluss Wuri (damals *Rio de Camarões*, Krabbenfluss). Um 1520 begann ein Handel mit den Portugiesen insbesondere mit Elfenbein und Zuckerrohr. Der Sklavenhandel erlangte an der Kameruner Küste nie eine besondere Bedeutung; schon 1820 wurde der Sklavenhandel aufgehoben und die Sklavenhändler wurden verfolgt. Schließlich unterzeichneten am 10. Juli 1840 die Duala-Könige mit Großbritannien die völkerrechtlichen Verträge für das weltweite Verbot des Menschenhandels bzw. der Sklaverei. (Zum Vergleich: In den USA wurde die Sklaverei 1865, in Brasilien 1888 abgeschafft.) Der Sklavenhandel wurde im 19. Jahrhundert durch den Handel mit Palmöl und Palmkernen abgelöst. Die starke Nachfrage war ein Ergebnis der industriellen Revolutionen in Teilen Europas.

Historische Karte (um 1888)

Deutsche Kolonie *Kamerun*

1868 wurde durch die Errichtung von Handelsniederlassungen des Hamburger Handelshauses Woermann an der Mündung des Wuri der deutsche Einfluss auf Kamerun immer stärker. Am 14. Juli 1884 schloss der deutsche Generalkonsul Dr. Gustav Nachtigal als Kaiserlicher Kommissar mit mehreren Headmen der Duala und anderen regionalen Herrschern Schutzverträge ab und proklamierte damit die sogenannte deutsche „Schutzherrschaft" über Kamerun als Deutsche Kolonie. Die faktische Inbesitznahme des Hinterlandes und die gewaltsame oder kooperative Integration der dortigen Gesellschaften vollzog sich allerdings erst in den folgenden 30 Jahren und war bei Ausbruch des Ersten Weltkrieges noch nicht endgültig abgeschlossen.

Deutsche Siedler zusammen mit Einheimischen (Weihnachten 1901)

Im Jahr 1911 erfolgte im Marokko-Kongo-Abkommen auf Kosten der französischen Kolonien in Zentralafrika eine bedeutende Vergrößerung der Kolonie (Neukamerun). Die hierdurch angeschlossenen Territorien gingen allerdings durch den Versailler Vertrag wieder verloren.

Im Ersten Weltkrieg konnte sich die zahlenmäßig und materiell unterlegene Schutztruppe nur zwei Jahre in Kamerun halten. 1916 ergab sich die letzte Garnison in Mora (Nordkamerun) der britischen Kolonialarmee.

Französisch-Britisches Mandat

Durch den Versailler Vertrag von 1919 ging Kamerun offiziell in den Besitz des Völkerbundes über, der wiederum ein Mandat zur Verwaltung an Großbritannien und Frankreich gab. Es kam zur Aufteilung, bei der Frankreich vier Fünftel erhielt. Nach dem Zweiten Weltkrieg wurden beide Völkerbundmandate durch die UNO in Treuhandmandate umgewandelt. Ziel der UNO war es, eine allmähliche Selbstverwaltung des Gebietes zu erreichen. In den folgenden Jahren bis 1957 kam es häufig zu Unruhen und zum Kampf um die Unabhängigkeit des französischen Treuhandgebietes. Am 10. Mai 1957 wurde im Amt des Ministerpräsidenten André Marie Mbida eingesetzt.

Am 1. Januar 1960 erhielt das französische Kamerun nach einer Volksabstimmung und nach dem Auslaufen des UN-Mandats die Unabhängigkeit und nannte sich Ost-Kamerun. Der Norden des britischen Mandats-Treuhandsgebietes hatte bei einer vorangegangenen Volksabstimmung für den Anschluss an Nigeria gestimmt, der südliche Teil entschied sich für einen Anschluss an den Staat Kamerun (1. Oktober 1961). Das ist der Hintergrund dafür, dass heute zwei Amtssprachen (Französisch und Englisch) in Kamerun anerkannt sind.

Zeit der Unabhängigkeit

Der vom Ministerpräsident zum kamerunischen Staatspräsidenten aufgestiegene Fulbe Ahmadou Ahidjo errichtete eine Diktatur. Außenpolitisch lehnte sich die Führung des Landes eng an Frankreich an. Mit Hilfe verdeckter und offener französischer Unterstützung und brutaler Repression gelang es Ahidjo, sein Regime zu festigen. Am 1. September 1966 wurde die Einheitspartei *Union Nationale Camerounaise* (UNC) gegründet, die seit 1985 Rassemblement démocratique du Peuple Camerounais bzw. Cameroon People's Democratic Movement (RDPC) genannt wird.

1972 wurden Reformen durchgeführt. Die Bundesrepublik Kamerun wurde in einen Einheitsstaat umgewandelt (Vereinigte Republik Kamerun). Nach dem Rücktritt des Staatspräsidenten Ahidjo am 6. November 1982 wurde sein Premierminister Paul Biya zum Staatsoberhaupt und Vorsitzenden der Einheitspartei UNC. Er gewann 1984 die Wahlen und konnte einen Putschversuch vereiteln. Mit der neugegründeten Einheitspartei RDPC versprach Biya die Demokratisierung des Landes und mehr soziale Gerechtigkeit. Bei den Wahlen 1988 kandidierte Biya jedoch ohne Gegenkandidat und erhielt die Mehrheit. Belastet wurde seine Regierung durch die wirtschaftliche und soziale Krise des Landes während der 1980er Jahre, die ihm und seinem korrupten Kabinett angelastet wurde. Die Forderungen nach Pressefreiheit und Beendigung des Einparteiensystem wurden immer lauter. Mit der Zulassung der Pressefreiheit erschienen viele kritische Zeitungen, und die Opposition im Land wurde immer stärker. Anfang der 1990er Jahre kam es vermehrt zu Unruhen und Generalstreiks mit der Forderung nach dem Ende der Monopolstellung der RDPC. Biya gab dem Druck der Straße zögerlich nach und ließ die Bildung von Oppositionsparteien zu, so dass 1992 die ersten freien Wahlen stattfanden, bei denen Biya erneut gewann. Die Opposition vermutete Wahlbetrug, da ausländische Wahlbeobachter behindert wurden. Wahrscheinlicher ist aber, dass die Oppositionsparteien zu sehr zersplittert waren (bei der Wahl traten 32 Parteien an), um ihre Stimmen zu bündeln. Trotzdem hatte das Wahlergebnis zur Folge, dass die RDPC (89 Sitze) mit der größten Oppositionspartei UNPD (65 Sitze) koalieren musste. Durch französische Unterstützung und geschicktes Ausspielen seiner politischen Gegner konnte Biya bis 1997 seine Mehrheit im Parlament halten und wurde bei den Wahlen im gleichen Jahr bestätigt.

Politik

Das ehemalige französische Mandatsgebiet Ost-Kamerun ist seit Januar 1960 unabhängig, das britische West-Kamerun folgte im Oktober 1961.

Politische Verhältnisse

Seit 1960 ist Kamerun eine Präsidialrepublik mit einer neuen Verfassung, deren Text letztmals 1996 geändert wurde. Kamerun ist nach dieser Verfassung ein Einheitsstaat, wobei im Vergleich zu früher weiter dezentralisiert wurde. Der Präsident wird auf sieben Jahre gewählt und kann nach einer Verfassungsänderung am 10. April 2008 unbegrenzt zur Wiederwahl antreten. Die Nationalversammlung mit 180 Mitgliedern wird für fünf Jahre gewählt. Es besteht aus zwei Kammern, darunter dem Senat. Es herrscht ein Mehrparteiensystem.[20]

Staatsoberhaupt ist seit 1982 Paul Biya. Bei den Wahlen 1997 und 2004 wurde er bestätigt. Die letzten Wahlen fanden am 9. Oktober 2011 statt. Paul Biya, inzwischen 78-jährig, trat erneut an und wurde mit 77 Prozent der Stimmen wiedergewählt. Regierungschef des Landes ist seit 2009 Yang Philemon. Dieser löste den bisherigen RegierungschefEphraim Inoni (von der RDPC), welcher seit dem 8. Dezember 2004 im Amt war, ab.

Paul Biya (links)

Parteien

Paul Biya hat die Mehrparteiendemokratie eingeführt. Die aktuelle Regierungspartei ist der RDPC, die frühere Einheitspartei. Sie wurde seit dem Machtantritt Amadou Ahidjos und zuletzt bei den 2006 abgehaltenen Parlamentswahlen in die Assemblé Nationale in ihrer Mehrheit bestätigt. Die letzten Wahlen haben die Oppositionsparteien weiter geschwächt. Die wichtigste und größte Oppositionspartei ist die sozialdemokratische (Front social démocrate (Social Democratic Front, SDF) unter dem Parteichef John Fru Ndi. Sie hat ihre Anhänger vor allem im englischsprachigen Teil Kameruns. Die Opposition beklagt regelmäßig Wahlmanipulationen. Kamerun-Kenner erachten die Vorwürfe als nicht grundsätzlich abwegig.[21]

Außenpolitik

Kamerun ist Mitglied des Commonwealth of Nations. Es ist das erste Land, das dem Bund beigetreten ist, ohne vorher vollständig eine Kolonie Großbritanniens gewesen zu sein. Das Land hat zudem traditionell gute Beziehungen zur zweiten ehemaligen Kolonialmacht Frankreich.[22] Kamerun ist UN-Mitglied. Es ist auch ein Mitglied der Organisation der Islamischen Konferenz (OIC), obwohl nur etwa 20 % der Einwohner Muslime sind.

Kamerun ist bestrebt, gute Beziehungen zu den Nachbarstaaten zu haben. Der früher teils gewaltsame Grenzstreit um die Bakassi-Halbinsel mit dem mächtigen Nachbarstaat Nigeria ist durch Zugeständnisse Nigerias 2008 friedlich beigelegt worden. Seitdem haben sich die Beziehungen zu Nigeria verbessert. Des Weiteren engagiert sich Kamerun in der Zentralafrikanischen Republik mit einer 120 Mann starken Friedenstruppe und nahm zahlreiche Flüchtlinge aus dem Tschad auf.[23]

Die Volksrepublik China ist hauptsächlich an den Ressourcen und an den Rohstoffen Kameruns interessiert. Seit dem Jahr 2006 entwickeln sich die Beziehungen zu China sprunghaft. Die Volksrepublik weitet ihren Einfluss auf Kamerun seit dem China-Afrika-Gipfel immer weiter aus. Zahlreiche chinesische Unternehmen sind in Kamerun tätig und der Handel mit der Volksrepublik China wächst stark.[24]

Kamerun ist Mitglied der International Cocoa Organization.

Staatsrecht

Das kamerunische Rechtssystem ist hybrid aufgebaut: Einerseits gilt für Nachbarschaftsstreitigkeiten, Kleinkriminalität und Landstreitigkeiten lokales traditionelles, mündlich überliefertes Recht. Für Strafrechtsfälle andererseits gilt geschriebenes, nach französischem Vorbild aufgebautes Recht. Nach „traditionellem Recht" gesprochene Urteile können im „französischen" Recht an das *Tribunal of Grand Instance/Tribunal de Grande Instance* und schließlich an den *Supreme Court/Court Suprème* übertragen werden. Das *Tribunal of First Instance/Tribunal de Première Instance* nach französischem Recht steht auf der gleichen Stufe wie das traditionelle Recht, das damit also gleichbehandelt wird. [25]

Seit 2007 gilt das neue Strafprozessrecht (*New Code of Penal Procedure/Nouveau code de procédure pénale*), welche als wichtigste Neuigkeit das Prinzip des Habeas Corpus gebracht hat, d.h. das Recht auf Schutz vor willkürlicher Inhaftierung. Die Fristen für Anklagen, Inhaftierung ohne Anklage und das Recht auf einen Anwalt werden nunmehr garantiert. Die Polizei wurde seitdem in mehreren Wellen entsprechend ausgebildet. Das neue Gesetz hat klare Fortschritte auf dem Weg hin zu einem Rechtsstaat gebracht.

Kamerun hat im Zuge der Dekolonisierung in der Rechtsprechung Urteile wegen „Hexerei" zugelassen. Seitdem können Menschen durch das Hinzuziehen eines *witch doctors* als Zeugen der Hexerei für schuldig erklärt werden – die Bestrafung beinhaltet hohe Geldstrafen bis hin zu langjähriger Haft oder Zwangsarbeit. Der Glaube an Hexerei ist in Kamerun weit verbreitet.

Ebenfalls mit Haft bedroht ist Homosexualität. Die Haftstrafe beträgt sechs Monate bis zu fünf Jahren, zudem wird ein Bußgeld von (umgerechnet) bis zu 305 Euro auferlegt.

Militär

Das Kamerunische Militär verfügt über eine Territorialarmee, eine Marine und Luftstreitkräfte und hat zur Zeit rund 23.100 Soldaten im Dienst. Eine Wehrpflicht besteht nicht.

Kamerunische Soldaten (2007)

Verwaltung

Regionen

Der Staat gliedert sich in zehn Regionen:

Die Bezeichnung *Provinz* (englisch/französisch: province) wurde am 12. November 2008 durch den Namen *Region* (englisch: region, französisch: région) ersetzt.

Die Regionen Kameruns

Nr.	Name (französisch/englisch)	Hauptstadt
1	Adamaoua	Ngaundere
2	Centre	Jaunde
3	Est/East	Bertua
4	Extrême-Nord/Extreme North	Maroua
5	Littoral	Douala
6	Nord/North	Garua
7	Nord-Ouest/Northwest	Bamenda
8	Sud/South	Ebolowa
9	Sud-Ouest/Southwest	Buea
10	Ouest/West	Bafoussam

Die größten Städte[26]

1.	Duala	1.907.479	8.	Kumba	144.268
2.	Jaunde	1.817.524	9.	Nkongsamba	104.050
3.	Bamenda	269.530	10.	Buea	90.088
4.	Bafoussam	239.287	11.	Kousseri	89.123
5.	Garua	235.996	12.	Bertua	88.462
6.	Maroua	201.371	13.	Limbe	84.223
7.	Ngaundere	152.698			

Verkehr

Der Schienenverkehr in Kamerun wird von Camrail betrieben, besitzt aber nur ein sehr rudimentäres Streckennetz, das nicht das gesamte Land erschließt.

Wirtschaft

Die Wirtschaft Kameruns konnte im Gegensatz zu denen der meisten anderen afrikanischen Staaten lange Zeit von einer liberalen Wirtschaftspolitik profitieren. Das Bruttoinlandsprodukt (BIP) des Landes betrug im Jahre 2004 rund 12,7 Milliarden Euro (2002: 7,5 Milliarden Euro). Das durchschnittliche Jahreseinkommen pro Einwohner liegt bei etwa 780 Euro (2002: 500 Euro).

Jaunde ist Hauptstadt, Duala wichtigstes Wirtschaftszentrum im Land

Das BIP des Landes setzt sich zusammen aus 42 Prozent Landwirtschaft, 22 Prozent Industrie und 36 Prozent Dienstleistungen. Obwohl die Landwirtschaft nur 42 Prozent des BIPs ausmacht, sind rund 60 Prozent der Erwerbstätigen in der Landwirtschaft tätig. Jedoch ist diese Zahl in den letzten Jahren leicht rückläufig.

Duala ist das wirtschaftliche Zentrum der CEMAC-Zone.

Innerhalb von elf Jahren (1990-2001) verzeichnete man eine jährliche Inflationsrate von 4,9 Prozent.

Arbeitsmarkt

Die Arbeitslosigkeit lag im Jahre 1992 durchschnittlich bei 25 Prozent der Bevölkerung. Ein großer Anteil der Bevölkerung ist im informellen Sektor ohne Sozialversicherung und ohne Schutz durch das Arbeitsrecht beschäftigt. Der größte Arbeitgeber, der Angestellte nach geltendem Arbeits- und Sozialversicherungsrecht anstellt, ist der Staat.

Das geltende Arbeitsrecht ist nach französischem Vorbild ausgestaltet und bewirkt einen großzügigen Schutz der Arbeitnehmer (Mindestlohn nach *category of employment/catégorie d'emploi*, basierend auf erreichter Ausbildungsstufe, gesetzliche Abgangsentschädigungen nach Dienstjahren, wenige mögliche Entlassungsgründe, großzügige Kündigungsfristen). In der Realität werden die meisten Angestellten außerhalb des staatlichen Sektors schwarz angestellt und das Arbeitsrecht nur beschränkt beachtet (siehe Kapitel Korruption). Der Arbeitsschutz motiviert vor allem westliche Investoren zu einer zögerlichen Anstellungspolitik.

Die staatliche Arbeitsverwaltung, der *Fonds National de l'Emploi* oder *National Employment Fund* mit Hauptsitz in Jaunde und zehn Arbeitsämtern landesweit (zwei davon in Duala), versucht aktiv, die Arbeitslosigkeit zu bekämpfen. [27] .

Außenhandel

Holztransporter in Kamerun: Holz zählt zu den Hauptexportgütern

Das Land importiert Waren im Wert von 1,205 Billionen CFA-Francs. Importwaren sind vor allem Alkohol und Rohstoffe zur Produktion alkoholischer Getränke, mineralische und andere Rohstoffe, Halbfertigwaren, industrielle Verbrauchsgüter, Nahrungsmittel, Tabak und Transportausrüstungen. Etwas mehr wird in andere Länder exportiert: 1,363 Billionen CFA-Francs, darunter vor allem Erdöl, Holzprodukte, Kakao, Kaffee und im Inland produzierte Lebensmittel. Kamerun hat den höchsten Holzeinschlag aller Staaten Afrikas.

Korruption

Die Korruption ist ein weit verbreitetes Problem. Kamerun nimmt den Platz 146 von insgesamt 178 gelisteten Staaten auf der Weltrangliste von Transparency International im Jahr 2010 ein [28] (2009 Platz 146 [29]) (je höher die Platzzahl, desto mehr Korruption ist vorhanden). Die Begriffe, die in Kamerun für Korruption benutzt werden, sind vielfältig: Gombo, bière, taxi, carburant, motivation, le tchoko und andere.

Seit den massiven Lohnsenkungen in der Folge der Austeritätsmaßnahmen des IMF (Internationaler Währungsfonds) zu Beginn der 1990er Jahre hat sich das Phänomen vervielfacht. Die überbordende Bürokratie und Intransparenz der administrativen Prozeduren fördert das Phänomen. Die Justiz gilt als vollständig korrupt. Lynchjustiz gegenüber auf frischer Tat ertappter Straftätern ist weit verbreitet und wird in der Regel durch das mangelnde Vertrauen in die Integrität der Sicherheitskräfte begründet.

Der Hafen von Duala gilt als eines der Zentren der Korruption. Die Zollabfertigung ist von Intransparenz, Willkür und Bürokratie gekennzeichnet. Die Abfertigungsgebühren sind sehr hoch. Zölle werden in drei Tarifstufen (10 %, 20 % und 30 %) erhoben. Wegen der hohen Transportkosten, welche in die Zollberechnung gemäß internationalem Standard eingehen und der darauf erhobenen Mehrwertsteuer von 19,25 % ergeben sich sehr hohe Beschaffungsnebenkosten, welche große Korruptionsanreize generieren und in der Volkswirtschaft erhebliche Schäden verursachen (Steuerausfälle, hohe Kosten für Importwaren generell und Investitionsgüter im besonderen, Rechtsunsicherheit, Wettbewerbsverzerrungen).

Staatshaushalt

Der Staatshaushalt umfasste 2009 Ausgaben von umgerechnet 3,7 Milliarden US-Dollar, dem standen Einnahmen von umgerechnet 3,8 Milliarden US-Dollar gegenüber. Daraus ergibt sich ein Haushaltsüberschuss in Höhe von 0,5 % des BIP.[1] Die Staatsverschuldung betrug 2009 3,16 Milliarden US-Dollar oder 14,3 % des BIP.[1]

2006 betrug der Anteil der Staatsausgaben (in % des BIP) folgender Bereiche:

- Gesundheit:[30] 4,6 %
- Bildung:[1] 3,3 %
- Militär:[1] 1,3 % (2009)

Kultur

Der Nationalfeiertag wird am 20. Mai mit Paraden der Uniformierten Staatsdienste und der Organisationen der Zivilgesellschaft (Schulen, Parteien, Firmen, etc.) gefeiert. Die wichtigste Parade findet in Jaunde am *Boulevard of 20th May/Boulevard du 20 mai* statt.

Kunst

Das Kameruner Grasland, das Übergangsgebiet zwischen der Savannenzone im Norden und den südwärts anschließenden Wäldern ist als eines der produktivsten Zentren westafrikanischer Kunst renommiert. Der Wiener Ethnologe Walter Hirschberg verglich die Region mit einer Künstlerstraße. In der Geschichte künstlerisch herausragende Volksgruppen sind die von Nordosten zugewanderten Tikar, das „große Volk" der Bamileke sowie die Bamum um Foumban, die wegen ihrer hoch entwickelten Hofkunst berühmt wurden. In Sultan Njoya fanden sie einen eifrigen Förderer der Kunst.

Wichtige künstlerische Fertigungen sind verschiedene Arten von Masken - auch in Tierform, reich beschnitzte Türpfosten, Trommeln und Hocker sowie Glasperlenapplikationen an Stoffmasken, Kalebassen, Figuren und thronartigen Sesseln.[31]

Literatur

Zu den bekannten kamerunischen Schriftstellern zählen Francis Bebey, Mongo Beti, Calixthe Beyala, Bole Butake, Papé Mongo, Ferdinad Oyono und René Philombe. Mongo Beti hatte schon in den 1950er Jahren mit seiner kritischen Darstellung der Missionare in seinem 1956 erschienen Roman *Le pauvre Christ de Bomba* (Der arme Christ von Bomba) für Aufsehen gesorgt.

Film

Bekannt wurden insbesondere die Regisseure Jean-Marie Teno und Jean-Pierre Bekolo. Auch der Schauspieler Emile Abossolo-M'bo ist in den letzten Jahren als Charakterdarsteller vieler afrikanischer Filme bekannt geworden (unter anderem *Ezra* von Newton I. Aduaka, *Les Saignantes* von Jean-Pierre Bekolo, *Als der Wind den Sand berührte* von Marion Hänsel, *Africa Paradis* von Sylvestre Amoussou). Er spielt auch in *Night on Earth* von Jim Jarmusch mit.

Musik

Einer der berühmtesten Musiker des Landes ist der Dichter, Sänger, Komponist und Liedermacher Francis Bebey. Sein musikethnologisches Werk *Musique de L'Afrique* (1969) gilt als grundlegend. Ebenfalls ist Manu Dibango, der mit seinem Album *Soul Makossa* bekannt wurde, zu erwähnen. Makossa ist die Musikrichtung bzw. der Rhythmus, die/der in der Littoralprovinz rund um die Stadt Duala zu Hause ist. Die Musik wurde von Nelle Eyoum entwickelt. Weitere wichtige Vertreter sind Albert Premier, Ange Bagnia, Ben Decca, Efilingue Hiroshima und Grace Decca. Bikutsi ist aus der Gegend um Jaunde. Modernere PopsängerInnen sind Dora Decca aus Duala, Petit Pays, Sérgo Polo und Longue Longue. Im musikalischen Segment der Gospels und Spirituals hat sich die Sängerin Siyou Isabelle Ngnoubamdjum aus Bafang in Deutschland, Frankreich und Kamerun einen Namen gemacht. Im Bereich Jazz/Weltmusik ist der aus Kamerun stammende Multiinstrumentalist Richard Bona hervorzuheben und auch Jean Férouze Darouiche, der mit der aus drei Brüdern bestehenden Formation Voodoo Gang 1986 mit dem Preis für die *Best Ethno-Jazz Recording* ausgezeichnet wurde. Wes Madiko verbindet traditionelle Musik aus Ost-Kamerun mit modernen Einflüssen. Keng Godefroy, Saint Bruno, No T'ack De wo, Tala Jeannot, Takam II und Tapros – alle aus der Bamilike-Region – spielen traditionelle Musik des Graslandes und mischen moderne Elemente in unterschiedlichem Ausmaß bei.

Das Zentrum der kamerunischen Musikindustrie ist Duala, wo sich eine bedeutende Anzahl von Musikern, Studios und Video-Produktionsfirmen konzentriert.

Kleidung

Diplomatische Vertreter von Kamerun bei den Vereinten Nationen oder in anderen Hauptstädten - so die Ministerin für Kultur Ama Tutu Muna in Berlin[32] - tragen häufig die farbenfrohe Kaba Ngondo-Kleidung.[33]

Typische Kopfbedeckungen aus dem Kameruner Grasland

Sport

Die beliebteste Sportart in Kamerun ist der Fußball. Erstmalig wurde die Fußballnationalmannschaft *The Indomptable Lions/Les Lions Indomptables* – „Die unbezähmbaren Löwen" – durch Erfolge bei der Fußball-Weltmeisterschaft 1982 in Spanien weltbekannt, wo sie nur knapp am späteren Weltmeister Italien in der Vorrunde scheiterte. Acht Jahre später folgte ein Triumph bei der Fußball-Weltmeisterschaft 1990 in Italien, wo man als erstes afrikanisches Team in das Viertelfinale einziehen konnte, wo es eine Niederlage gegen England mit 2:3 nach Verlängerung gab. Star der Mannschaft war Roger Milla, der zweimal zu Afrikas Fußballer des Jahres gewählt wurde. In der Folge konnte sich Kamerun drei Mal für die Fußballweltmeisterschaft qualifizieren.

Kamerunische Fußballnationalmannschaft im Spiel gegen Deutschland

Weitere Erfolge bei den Olympischen Spielen 2000 sowie die gewonnenen Afrikameisterschaften 2000 und 2002 folgten. In Deutschland richtete sich die Aufmerksamkeit auf den Trainer Winfried Schäfer, der jedoch am 17. November 2004 nach einer 0:3-Niederlage gegen Deutschland entlassen wurde.

Von öffentlichem Interesse war auch der Tod des kamerunischen Mittelfeldspielers Marc-Vivien Foé, der am 26. Juni 2003 im Halbfinale des Konföderationen-Pokals zwischen seinem Land und Kolumbien zusammenbrach und kurz darauf noch auf dem Weg ins Krankenhaus verstarb.

Die kamerunische Fußballnationalmannschaft verlor in der im Stade Ahmadou Ahidjo in Jaunde gespielten Qualifikation zur Fußball-Weltmeisterschaft 2006 in Deutschland, weil der Spieler Pierre Womé in der 4. Minute der Nachspielzeit den entscheidenden Elfmeter gegen Ägypten vergab und die Elfenbeinküste anstelle von Kamerun zur WM fuhr.

Kamerun qualifizierte sich für die Fußball-Weltmeisterschaft 2010 in Südafrika, schied allerdings nach drei verlorenen Spielen in der Vorrunde aus.

Siehe auch

- Südkamerun

Literatur

- Ben West: *Cameroon.* Bradt Pubn, 2008, ISBN 978-1-84162-248-4
- Regina Fuchs, Stefanie Michels: *Kamerun.* Reise Know-How Verlag Därr, 2004
- International Business Publications: *Cameroon Country Study Guide*, International Business Publications, 2005, ISBN 978-0-7397-4284-6
- Engelbert Mveng SJ: *Histoire du Cameroun.* Présence Africaine, Paris 1963
- Mongo Beti: *Main basse sur le Cameroun. Autopsie d'une décolonisation* (1972). Neuauflage bei La Découverte, Paris 2003. (Thema Neokolonialismus, das der damalige französische Innenminister Raymond Marcellin verbot)
- Thomas Deltombe, Manuel Domergue, Jacob Tatsitsa: *Kamerun!: Une guerre cachée aux origines de la Françafrique (1948-1971).* Editions La Découverte, Paris 2011, ISBN 2-7071-5913-1
- D. Murphy: *Cameroon with Egbert* (1960). Flamingo, New edition (1999), ISBN 978-0006551959 (Mutter, Tochter und das Packpferd Egbert wandern durch das ländliche Kamerun).
- Max F. Dippold: *Une bibliographie du Cameroun. Les écrits en langue allemande.* (Gesamtbibliographie des deutschen Schrifttums über Kamerun bis 1970) Préface S. Eno Belinga Liechtenstein, Kraus Thomson Organization Ltd, 1971
- Théophile Owona: *Die Souveränität und Legitimität des Staates Kamerun.* tuduv-Verlag, München 1991, ISBN 3-88073-385-6.
- Adalbert Owona: *Naissance du Cameroun, 1884–1914.* Racines du Présent, L'Harmatann, Paris 1996, ISBN 2-7384-3696-X
- Joan Riera: *Rumbo A Camerún.* LAERTES S. A., Barcelona 2007, ISBN 978-84-7584-590-6
- Alexandre Kum'a N'dumbe: *Das Deutsche Kaiserreich in Kamerun. Wie Deutschland in Kamerun seine Kolonialmacht aufbauen konnte.* 1840-1910, Berlin 2008
- Uwe Schulte-Varendorff: *Krieg in Kamerun. Die deutsche Kolonie im Ersten Weltkrieg.* Chr. Links-Verlag, Berlin 2011, ISBN 978 3861 536550

Weblinks

- Informationen des Auswärtigen Amtes [34]
- Landeskundliche Informationsseiten [35]
- Pygmäen in Kamerun [36] Kultur, Musik und Riten der ersten Bewohner von Kamerun
- Histoire du Cameroun – Université de Laval (Canada) [37] (französisch)
- Ein Reisebericht aus Kamerun [38] mit vielen Hintergrundinformationen und Fotos. Von Albrecht Nasdala, Inter Press Service

Einzelnachweise

[1] The World Factbook (https://www.cia.gov/library/publications/the-world-factbook/geos/cm.html)

[2] Flags of the World - Union of the Populations of Cameroon (http://www.crwflags.com/fotw/flags/cm}upc.html)

[3] Bernard FOAHOM: *Biodiversity Planning Support Programme – Integrating Biodiversity into the Forestry Sector.* (http://www.unep.org/bpsp/Forestry/Forestry Case Studies/Cameroon.pdf) 13. August 2001, abgerufen am 27. Juni 2010 (PDF, en).

[4] Richard Black: *Protection boost for rare gorilla.* (http://news.bbc.co.uk/2/hi/science/nature/7754544.stm) British Broadcasting Corporation, 28. November 2008, abgerufen am 27. Juni 2010 (en).

[5] *Dja Faunal Reserve.* (http://whc.unesco.org/en/list/407) In: *World Heritage List.* UNESCO, abgerufen am 27. Juni 2010 (en).

[6] *Complexe des parcs nationaux de Boumba Bek et de Nki.* (http://whc.unesco.org/en/tentativelists/4024/) In: *Tentative Lists.* UNESCO, abgerufen am 27. Juni 2010.

[7] *Parc national de Lobeke.* (http://whc.unesco.org/en/tentativelists/4022/) In: *Tentative Lists.* UNESCO, abgerufen am 27. Juni 2010.

[8] *Parc national de Waza.* (http://whc.unesco.org/en/tentativelists/4023/) In: *Tentative Lists.* UNESCO, abgerufen am 27. Juni 2010.

[9] *Parc national de Campo Ma'an.* (http://whc.unesco.org/en/tentativelists/4021/) In: *Tentative Lists.* UNESCO, abgerufen am 27. Juni 2010.

[10] *Parc national de Korup.* (http://whc.unesco.org/en/tentativelists/4020/) In: *Tentative Lists.* UNESCO, abgerufen am 27. Juni 2010.

[11] *Les chutes de la Lobé.* (http://whc.unesco.org/en/tentativelists/4019/) In: *Tentative Lists.* UNESCO, abgerufen am 27. Juni 2010.

[12] *Partie camerounaise du Lac Tchad.* (http://whc.unesco.org/en/tentativelists/4025/) In: *Tentative Lists.* UNESCO, abgerufen am 27. Juni 2010.

[13] Länderdatenbank der Deutschen Stiftung Weltbevölkerung: "Kamerun". (http://www.dsw-online.de/info-service/land.php)

[14] *CIA World Fact Book Kamerun.* (https://www.cia.gov/library/publications/the-world-factbook/geos/cm.html) Abgerufen am 21. August 2011.

[15] , Seite 309

[16] Ethnologue report for Cameroon (http://www.ethnologue.com/show_country.asp?name=CM)

[17] Institut national de la statistique du Cameroun: *Etat et structure de la population : indicateurs démographiques.* (http://www.statistics-cameroon.org/downloads/Etat_et_structure_de_la_population.pdf) Abgerufen am 17. August 2011.

[18] Auswärtiges Amt - Kamerun (http://www.diplo.de/Kamerun)

[19] Michel Tenikue: *Gender Gap in Current School Enrolment in Cameroon: Selection Among „Irregular" Children?* (http://www.ceps.lu/pdf/11/art1502.pdf?CFID=898035&CFTOKEN=43072310&jsessionid=8430456e61bb9cc444a137653bb11773b455) CEPS/INSTEAD und Universität von Namur, November 2009.

[20] Auswärtiges Amt: Staatsaufbau Kameruns (http://www.auswaertiges-amt.de/diplo/de/Laenderinformationen/Kamerun/Innenpolitik.html#t1)

[21] Auswärtiges Amt: Wahlen in Kamerun (http://www.auswaertiges-amt.de/diplo/de/Laenderinformationen/Kamerun/Innenpolitik.html#t2)

[22] Auswärtiges Amt: Außenpolitik Kameruns (http://www.diplo.de/Kamerun)

[23] Beziehungen Kameruns zu den Nachbarstaaten (http://www.diplo.de/Kamerun)

[24] Beziehungen Kameruns mit China (http://www.diplo.de/Kamerun); Wikileaks:Cablegate, 10YAOUNDE95, China's Growing Presence in Cameroon (http://213.251.145.96/cable/2010/02/10YAOUNDE95.html), Kabel vom 18. Februar 2010, veröffentlicht am 8. Dezember 2010, abgerufen am 19. Dezember.

[25] Ann Kathrin Helfrich: *Afrikanische Renaissance und traditionelle Konfliktlösung: das Beispiel der Duala in Kamerun.* (http://books.google.com/books?id=SWWynIFO2nAC&pg=PA120&lpg=PA120&dq=kamerunisches+rechtssystem&source=bl&ots=EArdI_gGt4&sig=SydoGKWdpwGiYL0uvAO94dROQ-I&hl=en&ei=kkaISpbpMdSksAby89j7Bw&sa=X&oi=book_result&ct=result&resnum=1#v=onepage&q=&f=false) LIT Verlag Münster, 2005. ISBN 3-8258-8352-3, 9783825883522.

[26] vgl. Offizielle Zahlen (2005) (http://www.statistics-cameroon.org/downloads/Rapport_de_presentation_3_RGPH.pdf) (pdf vom 22. April 2010)

[27] (http://www.fnecm.org/)

[28] http://www.transparency.de/Tabellarisches-Ranking.1745.0.html

[29] Transparency International: *Corruption Perceptions Index 2009.* (http://www.transparency.org/policy_research/surveys_indices/cpi/2009/cpi_2009_table) Abgerufen am 19. Juni 2010 (englisch).

[30] Der Fischer Weltalmanach 2010: Zahlen Daten Fakten, Fischer, Frankfurt, 8. September 2009, ISBN 978-3-596-72910-4

[32] Thomas Bayee, 2010: Kamerun: Ministerin für Kultur besucht Berlin (http://remixbest.corbida.de/306/kamerun-ministeri-fuer-kultur-besucht-berlin/)

[33] postnews.com, Up Station Mountain Club 2007: The new Ministers (http://www.postnewsline.com/2007/09/the-new-ministe.html)

[34] http://www.diplo.de/Kamerun

[35] http://www.inwent.org/v-ez/lis/kamerun/index.htm

[36] http://www.pygmies.org/

[37] http://www.tlfq.ulaval.ca/axl/afrique/cameroun.htm

[38] http://www.kamerun.ipsnews.de/

Koordinaten: 5° N, 12° O

nso:Cameroon

bjn:Kamerun gag:Kamerun mrj:Камерун

Buntbarsche

Buntbarsche	
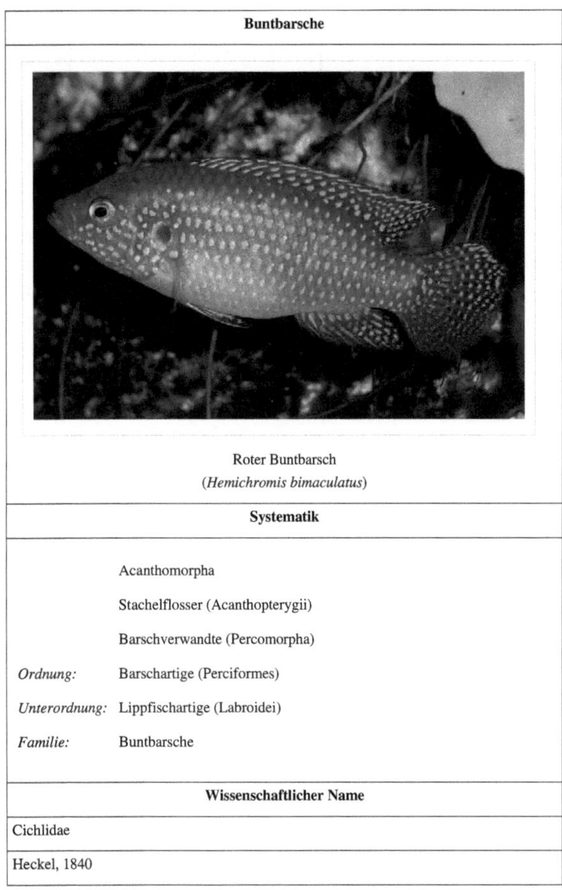 Roter Buntbarsch (*Hemichromis bimaculatus*)	
Systematik	
	Acanthomorpha
	Stachelflosser (Acanthopterygii)
	Barschverwandte (Percomorpha)
Ordnung:	Barschartige (Perciformes)
Unterordnung:	Lippfischartige (Labroidei)
Familie:	Buntbarsche
Wissenschaftlicher Name	
Cichlidae	
Heckel, 1840	

Die **Buntbarsche** (Cichlidae) oder **Cichliden** sind eine Fischfamilie aus der Ordnung der Barschartigen (Perciformes). Nach den Karpfenfischen (Cyprinidae) und den Grundeln (Gobiidae) sind sie mit etwa 1700 beschriebenen Arten die drittartenreichste Fischfamilie. Buntbarsche sind beliebte Aquarienfische und einige große Arten sind wichtige Speisefische.

In der Evolutionsforschung hat die Untersuchung der Cichliden interessante Erkenntnisse zu den Mechanismen der Artbildung erbracht. Die Evolution der Buntbarsche des Viktoriasees und ihrer Verwandten in den benachbarten Seen stellt heute ein Modell für eine relativ rasche Artenentwicklung dar.

Vorkommen

Verbreitungsgebiet

Buntbarsche bewohnen mit etwa 900 beschriebenen Arten den größten Teil des tropischen Afrikas, weitere 400 bisher unbeschriebene Arten werden hier vermutet. Allein in den ostafrikanischen Seen Malawi, Tanganjika (350 Arten) und Viktoria (250-350 Arten) kommen jeweils mehrere hundert Arten vor. Hier stellen sie den Hauptbestandteil der Fischfauna. Etwa 400 Arten leben in Mittel- und Südamerika, vier auf Kuba und Hispaniola, eine auch in Texas. 17 Arten, die stark in ihrem Bestand gefährdet sind, leben auf Madagaskar. In Asien sind die Buntbarsche mit nur elf bis zwölf Arten vertreten: drei in Südindien und Sri Lanka, eine im Süden des Iran (*Iranocichla hormuzensis*) und sieben bis acht in Israel und Jordanien (Tal des Jordan). Die Buntbarsche Indiens, Madagaskars, Kubas und Hispaniolas gehen auch in Brackwasser.

Einige Arten wurden als Neozoen weit verbreitet. Der Mosambik-Buntbarsch (*Oreochromis mossambicus*) wurde aus fischereiwirtschaftlichen Gründen in vielen tropischen Länder eingeführt. Seine Verwilderung in mehreren Ländern hat negative ökologische Auswirkungen, da er einheimische Arten verdrängt [1] . Ein weiterer Buntbarsch, der Chanchito (*Australoheros facetum*) aus dem Süden Brasiliens und dem Norden Argentiniens, hat sich auch in Europa, im Süden Portugals und Spaniens verbreitet [2] [3] und kommt inzwischen sogar in einigen Seen der Bundesrepublik Deutschland (Baden-Württemberg und Nordrhein-Westfalen) vor [4] .

Merkmale

Der hechtförmige *Crenicichla punctata* zeigt ein Extrem in der Variabilität der Buntbarschkörperformen.

Der Hohe Segelflosser das andere.

Die Größe der Buntbarsche reicht von drei Zentimetern (*Apistogramma*) bis zu 80 Zentimetern (*Boulengerochromis*, *Cichla*). Ihre Grundform ist oval, etwas langgestreckt und seitlich abgeflacht, etwa so wie der Rote Buntbarsch in der Taxobox. Angepasst an ihr jeweiliges Habitat kann die Körperform jedoch auch stark von der Grundform abweichen. So sind die zwischen Stelzwurzeln im Orinoko- und Amazonasbecken lebenden Diskusfische und Skalare scheibenförmig, die Skalare weisen zudem stark erhöhte Rücken, After und Bauchflossen auf. Andere Buntbarsche sind hechtförmig (*Crenicichla*) oder langgestreckt (*Teleogramma* oder *Julidochromis*, Jagd in Felsspalten). Buntbarsche aus den Livingstonefällen oder den Sandufern des Tanganjikasee ähneln Grundeln. Zwischen diesen Extremen gibt es viele Übergangsformen. Die Maulform ist an die verschiedensten Ernährungstypen angepasst. Sie reicht von tief gespalten bei räuberischen Arten (wie *Crenicichla*) bis hin zu stark unterständig und auf das Abraspeln von Felsenaufwuchs spezialisiert (bei *Labeotropheus*).

Im Unterschied zu den meisten anderen Fischen haben Buntbarsche auf jeder Kopfseite nur ein Nasenloch. Ihre Seitenlinie ist unterbrochen, der vordere Teil läuft auf der oberen Körperhälfte parallel zur Rückenkrümmung, der hintere auf der Seitenmitte bis auf den Schwanzflossenstiel. Entlang der Seitenlinie zählt man 20 bis 50 Schuppen, in Ausnahmefällen mehr als 100. In der einzigen Rückenflosse ist deutlich ein hartstrahliger und ein weichstrahliger Teil zu unterscheiden. Sie wird von 7 bis 25 Flossenstacheln und 5 bis 30 Weichstrahlen gestützt. Die Afterflosse hat normalerweise drei

Flossenstacheln (bei wenigen Arten auch 4 bis 9, bei *Etroplus* 12 bis 15) und 4 bis 15 Weichstrahlen, in Ausnahmefällen auch mehr als 30. Die Schwanzflosse ist meist abgerundet oder schließt gerade ab, in vielen Fällen, manchmal nur bei den Männchen, mit filamentartigen Auswüchsen oben und unten. Nur wenige Buntbarsche besitzen eine gegabelte Schwanzflosse.[5]

Lebensweise

Ernährung

Ihre Ernährungsweisen sind sehr vielfältig. So reicht ihre Erscheinungsform diesbezüglich von generalistischen Räubern über Planktonfresser, Aufwuchsfresser, Pflanzenfresser bis hin zu Larvenfressern. Einige wenige Arten sind sogar darauf spezialisiert, die Schuppen oder aber auch die Augen von anderen Fischen zu fressen. In den Seen des Ostafrikanischen Grabenbruches ist die Einnischung bezüglich der Ernährung besonders gut zu sehen.

Kampfverhalten

Die männlichen Fische der Art *Oreochromis mossambicus* reagieren in der Regel äußerst aggressiv, wenn Artgenossen in ihr Revier eindringen. In dem stets folgenden Revierkampf gegen die Eindringlinge steigt bei ihnen die Blutkonzentration von Sexualhormonen deutlich an. Die Konzentration dieser Androgene erhöht sich jedoch nicht nur bei den Kämpfern, sondern sogar bei anderen dem Kampf zuschauenden Männchen. Durch verschiedene Experimente haben portugiesische Wissenschaftler um Rui Oliviera von der Hochschule für angewandte Psychologie in Lissabon (Portugal) herausgefunden, dass die Revierkämpfer vor allem dann ihre Hormonproduktion steigern, wenn sie in einem Kampf auf Grund der geringeren Größe oder einer erkennbaren Verletzung des Rivalen gute Aussichten auf einen Sieg haben. Können sie jedoch ihre Erfolgsaussichten nicht klar einschätzen, verändert sich bei ihnen auch nicht die Hormonkonzentration.

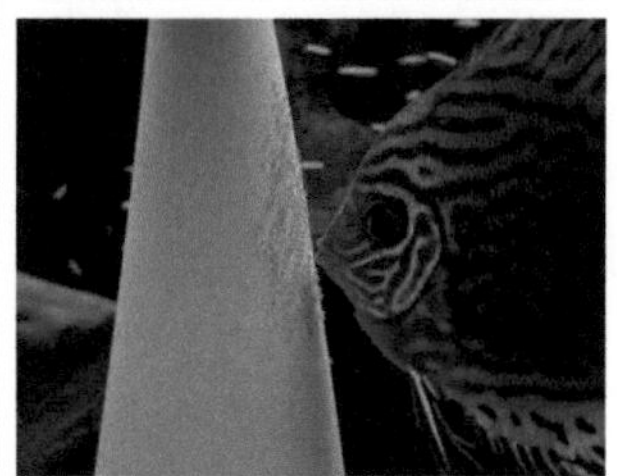

Diskusfisch mit Laich an einem tönernen Laichkegel zur Nachzucht im Aquarium

Brutpflege

Congochromis sabinae-Paar mit Jungfischen

Die meisten Arten zeigen ein für Fische recht ausgeprägtes Brutpflegeverhalten sowohl für die Eier als auch für die Larven. Man unterscheidet Substratlaicher (mit Offenlaicher und Höhlenlaicher) und Maulbrüter. Buntbarsche beschützen die Eier, indem sie Feinde von Gelege und Larven fernhalten und die Eier durch "ablutschen" und fächeln reinigen. Je umfassender und somit erfolgversprechender die Brutpflege ist, desto weniger Eier werden gelegt. Häufig dauert sie an, bis die Jungtiere mehrere Wochen alt sind. Bei einigen der im Tanganjikasee vorkommenden Arten sind sogar die älteren Geschwister bei der Aufzucht der jüngeren beteiligt.

Je nachdem in welcher Form sich die Elternteile an der Brutpflege beteiligen unterscheidet man folgende Familienformen [6] [7] :

- **Elternfamilie**, Weibchen und Männchen üben die Brutpflege gemeinsam aus, wobei sich das Männchen meist einen größeren Anteil an der Revierverteidigung hat. In den meisten Fällen die dauerhafteste Familienbindung im Tierreich (z.B. bei den Buntbarschen der Tribus Cichlasomatini).
- **Mann-Mutter-Familie**, das Weibchen übt die Brutpflege allein aus, während das Männchen das Revier verteidigt. Auch nach dem Freischwimmen der Jungfische, betreut das Weibchen allein die Jungen. (z. B. bei Buntbarschen der Gattung *Crenicara* und *Telmatochromis*.) Diese Familienform ist oft mit Polygamie verbunden. Dann spricht man von einer **Mann-Mütter-Familie**.
- **Mutterfamilie**, das Weibchen übt die Brutpflege allein aus, das Männchen beteiligt sich nicht an der Brutpflege. (z.B. bei den maulbrütenden Buntbarschen des Malawisees.
- **Vater-Mutter-Familie**, das Weibchen übt die Brutpflege zuerst allein aus, während das Männchen das Revier verteidigt. Schwimmen die Jungfische frei, so werden sie von beiden Eltern betreut. (z. B. bei offenbrütenden Buntbarschen wie der Gattung *Pelvicachromis*.)

Systematik

Äußere Systematik

Riffbarsche, wie der Garibaldifisch, sind nahe Verwandte der Buntbarsche.

Die Buntbarsche werden mit einigen Familien von Meeresfischen in die Unterordnung der Lippfischartigen (Labroidei) gestellt. Die Verwandtschaft der Familien wird durch die Anatomie der Schlund- und Kiemenregion gestützt. Lippfischartige haben ein Gelenk zwischen der Schädelbasis und den oberen Schlundzähnen. Der effektive Ernährungsapparat wird als Grund für den Erfolg und die große Artenzahl (mehr als 2000) der Lippfischartigen im Flachwasser tropischer Meere und in Süßgewässern angesehen.

DNA-Sequenzierungen lassen aber keine Verwandtschaft zwischen Lippfischen, Papageifischen und Odaciden auf der einen und Buntbarschen, Brandungsbarschen und Riffbarschen auf der anderen Seite erkennen. Die ähnliche Schädelanatomie muss unabhängig voneinander zwei mal entstanden sein [8] .

Für die Buntbarsche, Brandungsbarsche und Riffbarsche und einige andere mit ihnen verwandte Taxa wird deshalb von einigen Ichthyologen des Muséum national d'histoire naturelle in Paris eine neue Ordnung, die Stiassnyiformes vorgeschlagen [9] .

Innere Systematik

Die Buntbarsche werden vier Unterfamilien und in eine Reihe von Triben eingeteilt. An der Basis des Stammbaums stehen die in Indien und Madagaskar lebenden Etroplinae und die madagassischen Ptychochrominae. Die weit mehr als 1200 Arten der afrikanischer Buntbarsche gehören alle zur Unterfamilie Pseudocrenilabrinae, die süd- und mittelamerikanischen zur Unterfamilie Cichlinae. [10]

Folgendes Kladogramm gibt die wahrscheinlichen verwandtschaftlichen Verhältnisse wieder:

Indischer Buntbarsch
(*Etroplus maculatus*)

Etroplinae (Indien und Madagaskar)

Ptychochrominae (Madagaskar)

Cichlidae

Pseudocrenilabrinae (Afrika & Vorderasien)

Cichlinae (Süd- und Mittelamerika)

Gattungen

Es gibt über 1.700 Arten aus etwa 220 Gattungen:

Sympatrische Artbildung

Sympatrische Artbildung (das Entstehen neuer Arten im Gebiet der Ursprungsart(en)) findet sich bei Buntbarschen in isolierten Seen, z. B. im Kraterseen in Nicaragua (Apoyo, Masay) [11] und im Barombi Mbo [12] und Bermin-Kratersee (Kamerun) [13] . Die Buntbarscharten dieser Seen stammen von jeweils einer eingewanderten Art ab, unterscheiden sich aber heute deutlich in ihrer Morphologie und ökologischen Nische. Eine allopatrische Artbildung kann in diesen kleinen Kraterseen ausgeschlossen werden.

Stammesgeschichte

Die bislang ältesten Fossilien stammen von fünf Arten aus dem Eozän (55,8–33,9 Mio. Jahre) von Tansania (Ostafrika). Die Funde aus einem ehemaligen kleinen Kratersee dokumentieren bereits die bei den rezenten Cichliden der Ostafrikanischen Großen Seen so zahlreich auftretenden Artenschwärme.[14]

Gefährdung

Durch Einbringung des Nilbarsches durch Menschenhand (Speisefisch) in den Viktoriasee stehen heute viele der dort endemisch lebenden Arten auf der Roten Liste der vom Aussterben bedrohten Tierarten (siehe auch *Darwin's Nightmare*).

Bedeutung für die Aquaristik

In der Mitte des 20. Jahrhunderts wurden die Seenkette im Ostafrikanischen Grabenbruch und der Viktoriasee von Aquaristen entdeckt. Die enorme Artenzahl endemischer Arten in diesen Seen führte rasch zu großer Beliebtheit in der Aquaristik. Besonders Arten aus dem Tanganjika-See und dem Malawi-See (Mbunas und Utakas, auch Nicht-Mbunas genannt) wurden nach Europa und Amerika ausgeführt.

Gehalten werden Buntbarsche am besten in reinen Cichlidenbecken zum Beispiel einem Biotop-Aquarium. Besonders problematisch ist, dass sich viele der Arten an den im Aquarium gepflegten Pflanzen vergreifen. Aquarianern, die diese Arten halten, stehen nur eine begrenzte Anzahl von Pflanzenarten zur Verfügung. Dazu zählt unter anderem das Zwergspeerblatt.

Quellen

Literatur

- Kurt Fiedler, *Lehrbuch der Speziellen Zoologie, Band II, Teil 2: Fische*, Gustav Fischer Verlag Jena, 1991, ISBN 3-334-00339-6
- Joseph S. Nelson: *Fishes of the World*, John Wiley & Sons, 2006, ISBN 0-471-25031-7
- Günther Sterba: *Süsswasserfische der Welt*, Urania-Verlag, 1990, ISBN 3-332-00109-4
- Christian Sturmbauer: *Artenentstehung und adaptive radiation* Seite 280-282 in Wilfried Westheide & Reinhard Rieger: *Spezielle Zoologie Teil 2: Wirbel und Schädeltiere*, 1. Auflage, Spektrum Akademischer Verlag Heidelberg • Berlin, 2004, ISBN 3-8274-0307-3

Einzelnachweise

[1] Buntbarsche (http://www.fishbase.org/Summary/SpeciesSummary.php?genusname=Oreochromis&speciesname=mossambicus&lang=German) auf Fishbase.org (englisch)

[2] Elvira, B. (1995): *Native and exotic freshwater fishes in Spanish river basins.* Freshwater Biology 33: 103-108

[3] Elvira, B. & A. Almodovar (2001): *Freshwater fish introductions in Spain: facts and figures at the beginning of the 21st century.* Journal of Fish Biology 59 (Supplement A): 323-331.

[4] Geiter, 0., S. Homma, R. Kinzelbach (2002): *Bestandsaufnahme und Bewertung von Neozoen in Deutschland 2002.* Bundesministerium für Umwelt, Naturschutz und Reaktorsicherheit, Forschungsbericht 296 89 901/01 UBA-FB 000215. Im Auftrag des Umweltbundesamtes (Umweltbundesamt Texte) 25 02 ISSN 0722-186X (http://dispatch.opac.d-nb.de/DB=1.1/CMD?ACT=SRCHA&IKT=8&TRM=0722-186X).

[5] Nelson (2006), Seite 390.

[6] Irenäus Eibl-Eibesfeldt: *Grundriss der vergleichenden Verhaltensforschung.* Verlag Blank, München 1999, ISBN 3-9375-0102-9

[7] Claus Schaefer, Torsten Schröer: *Das große Lexikon der Aquaristik*, Ulmer Verlag, Stuttgart 2004, ISBN 3-8001-7497-9

[8] Mabuchi, Miya, Azuma & Nishida: *Independent evolution of the specialized pharyngeal jaw apparatus in cichlid and labrid fishes.* BMC Evolutionary Biology 2007, 7:10 doi: 10.1186/1471-2148-7-10 (http://dx.doi.org/10.1186/1471-2148-7-10)

[9] Blaise Li, Agnès Dettaï, Corinne Cruaud, Arnaud Couloux, Martine Desoutter-Meniger, Guillaume Lecointre: *RNF213, a new nuclear marker for acanthomorph phylogeny.* Molecular Phylogenetics and Evolution, Volume 50, Issue 2, February 2009, Pages 345-363 doi:

10.1016/j.ympev.2008.11.013 (http://dx.doi.org/10.1016/j.ympev.2008.11.013)

[10] John S. Sparks & Wm. Leo Smith: *Phylogeny and biogeography of cichlid fishes (Teleostei: Perciformes: Cichlidae).* Cladistics (2004), Volume: 20, Issue: 6, Publisher: Wiley Online Library, Pages: 501-517 ISSN 07483007 (http://dispatch.opac.d-nb.de/DB=1.1/CMD?ACT=SRCHA&IKT=8&TRM=07483007) doi: 10.1111/j.1096-0031.2004.00038.x (http://dx.doi.org/10.1111/j.1096-0031.2004.00038.x)

[11] Marta Barluenga, Kai N. Stölting, Walter Salzburger, Moritz Muschick, Axel Meyer: *Sympatric speciation in Nicaraguan crater lake cichlid fish* Nature 439 :719-723 doi: 10.1038/nature04325 (http://dx.doi.org/10.1038/nature04325)

[12] Ulrich K. Schliewen, Barbara Klee: *Reticulate sympatric speciation in Cameroonian crater lake cichlids* Frontiers in Zoology 2004, 1:5 doi: 10.1186/1742-9994-1-5 (http://dx.doi.org/10.1186/1742-9994-1-5)

[13] Ulrich K. Schliewen, Diethard Tautz, Svante Pääbo: *Sympatric speciation suggested by monophyly of crater lake cichlids* Nature 368, 629 - 632 doi: 10.1038/368629a0 (http://dx.doi.org/10.1038/368629a0)

[14] A. M. Murray (2001): „The oldest fossil cichlids (Teleostei: Perciformes): indication of a 45 million-year-old species flock." *Proc Biol Sci.* 2001 April 7; 268(1468): 679–684. doi: 10.1098/rspb.2000.1570 (http://dx.doi.org/10.1098/rspb.2000.1570). (Abstract) - Volltext (PDF) (http://www.pubmedcentral.nih.gov/picrender.fcgi?artid=1088656&blobtype=pdf)

Weblinks

- Buntbarsche (http://www.fishbase.org/Summary/FamilySummary.php?ID=349) auf Fishbase.org (englisch)
- Internet cichlidae information center (http://www.cichlidae.com/default.php)
- Deutsche Cichliden-Gesellschaft e.V. (http://www.dcg-online.de)
- Guide to the South American Cichlidae (http://www2.nrm.se/ve/pisces/acara/welcome.shtml) (engl.)

Substratlaicher

Als **Substratlaicher** bezeichnet man Fische, die ihre Eier an einen festen Untergrund, einen Stein, Holz oder Pflanzenblätter heften. Weiterhin können Arten unterschieden werden, die ihre Eier nur auf dem Substrat ablegen und solchen, die danach brutpflege betreiben. Letzteren Typ von Substratlaichern finden sich z. B. unter den Buntbarschen (Cichlidae), den Riffbarschen (Pomacentridae) und Harnischwelsen (Loricariidae). Bei Substratlaichern ist die Anzahl der Eier meist viel geringer als bei den Freilaichern, da sie an geschützten Orten abgesetzt wurden und eventuell von den Eltern beschützt werden.

Laich des Moderlieschen (*Leucaspius delineatus*) in Bändern an Holz abgelegt

Die Substratlaicher, Haftlaicher[1] oder Substratbrüter[2] werden in zwei große Gruppen eingeteilt: *Offenbrüter* und *Versteckiaicher:*[3]

- Die Offenbrüter[4] legen ihre Eier offen auf einer meist zuvor gründlich gereinigte Stelle ab. Sie haben in der Regel transparenten Laich.[3] Die Ablagestelle ist eine Mulde oder eine senkrechte oder eine schräge Fläche (Stein, Wurzeln, Pflanzen)[5]
- Versteckiaicher (Versteckbrüter oder auch Höhlenbrüter genannt) bevorzugen Höhlen oder Wurzeln und legen ihrer Eier vor feindlichen Blicken geschützt ab.[6] Die Eier der Höhlenbrüter sind farblich oft auffällig.[3]

Einzelnachweise

[1] David Alderton, Fische für Aquarium und Teich, Doling Kindersley Verlag, ISBN 3-8310-0669-5
[2] H. M. Peters, Sylvia Berns: *Die Maulbrutpflege der Cichliden: Untersuchungen zur Evolution eines Verhaltensmusters.* In: *Journal of Zoological Systematics and Evolutionary Research.* 20, Nr. 1, 1983, S. 18–52, doi: 10.1111/j.1439-0469.1983.tb00548.x (http://dx.doi.org/10.1111/j.1439-0469.1983.tb00548.x).
[3] Jörg Vierke: *Brutpflegeformen bei Fischen* (http://www.fischreisen.de/Brutpflegeformen.html). In: Fischreisen. Abgerufen im Mai 2011.
[4] http://www.buntbarsch.ch/images/aquaristik/cichliden_arten/Aufzucht/offenbrueter.htm.Abgerufen im Mai 2011.
[5] http://www.aquarium-guide.de/lexikon_o.htm.Abgerufen im Mai 2011.
[6] http://www.aquarium-guide.de/lexikon_v.htm.Abgerufen im Mai 2011.

Siehe auch

- Maulbrüter

Literatur

- Günther Sterba: *Enzyklopädie der Aquaristik und speziellen Ichthyologie.* Verlag J. Neumann-Neudamm, 1978, ISBN 3-7888-0252-9

Süßwasserschwämme

Süßwasserschwämme	
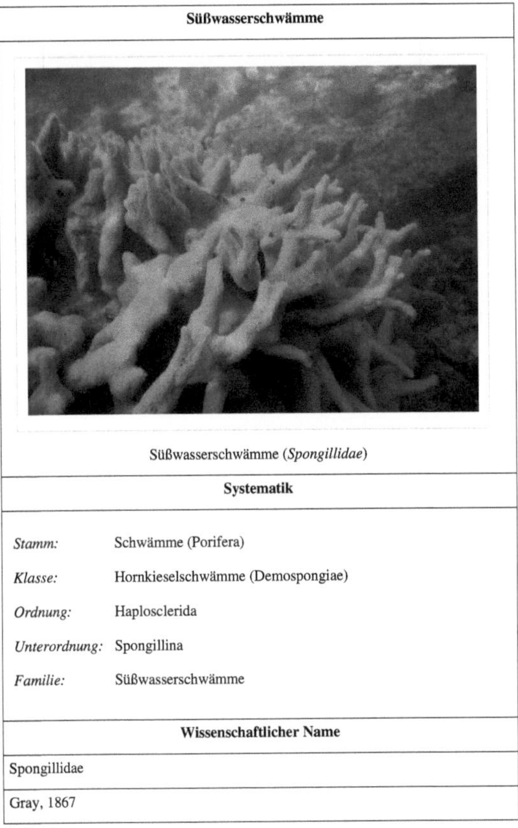 Süßwasserschwämme (*Spongillidae*)	
Systematik	
Stamm:	Schwämme (Porifera)
Klasse:	Hornkieselschwämme (Demospongiae)
Ordnung:	Haplosclerida
Unterordnung:	Spongillina
Familie:	Süßwasserschwämme
Wissenschaftlicher Name	
Spongillidae	
Gray, 1867	

Die **Süßwasserschwämme** (Spongillidae) sind eine Familie aus dem Tierstamm der Schwämme. Sie leben im Gegensatz zur Masse der Schwämme im Süßwasser und können auch Trockenphasen durch Dauerstadien gut überstehen. Sie kommen in den meisten großen Seen und Flüssen vor. Sie stellen jedoch in der Regel große Ansprüche an die Wasserqualität und sind daher gute Indikatoren für Umweltverschmutzung. Es handelt sich um festsitzende Tiere, die eine feste Unterlage wie Holz, Steine oder sogar Flaschen benötigen, seltener wachsen sie auf Muschelschalen, Metall oder Wasserpflanzen. In der Regel werden die Kolonien nur etwa 20 bis 30 cm groß, manchmal jedoch sogar mannsgroß, so im Staffelsee.

Skelett

Süßwasserschwämme besitzen ein Skelett aus einfachen Kieselnadeln und organischen Fasern. Nach dem Tod des Tieres zerfällt dieses Skelett und es bleiben in der Regel nur die Kieselnadeln übrig. Die mikroskopisch sichtbare Form und Anordnung der Skelettnadeln sind ein wichtiges Bestimmungsmerkmal der einzelnen Arten.

Literatur

- T. O. Eggers & B. Eiseler (2007): Bestimmungsschlüssel der Süßwasser-Spongillidae (Porifera) Mittel- und Nordeuropas. – Lauterbornia 60: 1-53.
- T. M. Frost (1991): *Porifera*. In: Thorp, J. H. & A. P. Covich (Hrsg.), *Ecology and Classification of North American Freshwater Invertebrates*. S.95–124, Academic Press, New York.
- R. Manconi & R. Pronzato (2008): Global diversity of sponges (Porifera: Spongillina) in freshwater. – Hydrobiologia 595: 27-33.
- J. T. Penney & A. A. Racek (1968): Comprehensive revision of a worldwide collection of freshwater sponges (Porifera: Spongillidae) [1]. – United States National Museum Bulletin, 184 S., (D.C. Smithsonian Institution Press) Washington.
- R. Pronzato & R. Manconi (2001): Atlas of European freshwater sponges.- Annali del Museo Civico di Storia Naturale di Ferrara 4: 3-64.

Weblinks

- ITIS Report [2]

References

[1] http://si-pddr.si.edu/jspui/handle/10088/10168

[2] http://www.itis.gov/servlet/SingleRpt/SingleRpt?search_topic=TSN&search_value=47691

See

Ein **See** (*veraltet auch Landsee*) ist ein Stillgewässer mit oder ohne Zu- und Abfluss durch Fließgewässer, das vollständig von einer Landfläche umgeben ist. Er stellt ein weitgehend geschlossenes Ökosystem dar (siehe Ökosystem See).

Vierwaldstättersee, Schweiz

Definition

Ein See ist ein Binnengewässer, das eine (größere) Ansammlung von Wasser in einer Bodenvertiefung einer Landfläche darstellt und im Gegensatz zu einem Binnenmeer (zum Beispiel dem Mittelmeer) auf der 0-Meter-Höhenlinie keine direkte Verbindung zum Weltmeer hat. Damit weist er keinen durch Meeresströmungen bedingten Zu- und/oder Abfluss auf. Allerdings kann ein über dem Meeresspiegel liegender See insbesondere in niederschlagsreichen Regionen über einen Fluss – also ein Fließgewässer bzw. Gewässersystem mit Gefälle – mit dem Weltmeer verbunden sein. Bedeutendste Beispiele hierfür sind der Baikalsee und der Victoriasee. Zu- und Abflussmenge sind in der Regel gegenüber der Gesamtwassermenge eines Sees gering. Im Gegensatz zu einem Fließgewässer weist ein See kein Gefälle auf.

Der Begriff *Binnensee* wird gebraucht, um Seen des Binnenlandes von *Küstenseen* (Strandseen, küstennahen *Brackwasserseen* oder durch Eindeichung der Küste entstandene Seen) abzugrenzen, aber auch allgemein zur Bezeichnung von Seen.

Ein See im Sinn der limnologischen Definition ist in der Regel wesentlich tiefer als ein Teich, Tümpel oder Weiher, so dass sich eine über Tage bis Monate stabile Temperaturschichtung ausbilden kann. Die Frequenz ihrer Durchmischung wird zu einer Einteilung der Seen benutzt, da sie auch weitreichende ökologische Folgen hat (siehe Ökosystem See). In dieser Hinsicht gelten auch die flachen Steppenseen wie der Neusiedler See oder der Plattensee nicht als „echte" Seen.

Allerdings ist die genaue Abgrenzung zwischen Seen und Tümpeln/Weihern etc. unscharf und immer subjektiv. Deshalb bezeichnen einige Limnologen jede mit Wasser gefüllte Senke als See. Für ihre Kategorisierung wäre dann unerheblich, ob ein See ständig, periodisch oder episodisch mit Wasser gefüllt ist und ob er eine permanente Schichtung ausbildet.

Der Urmiasee, ein Salzsee

Ein See enthält meistens Süßwasser, es gibt aber auch große Salzseen, wie z. B. das Kaspische Meer, den Aralsee und das Tote Meer. Auch sodahaltige Seen gibt es, zum Beispiel die des Rift Valley im Ostafrikanischen Grabenbruch wie der Nakurusee oder einige der *Lacken* um den Neusiedler See.

Eine weitere Definition kann über die Größe erfolgen. Die Mindestgröße eines Sees beträgt etwa einen Hektar.[1]

In der Astronomie spricht man auch dann von Seen, wenn diese eine andere Flüssigkeit als Wasser enthalten, etwa bei den Methanseen auf Titan.

Entstehung von Seen

Geologisch und geomorphologisch unterscheidet man folgende Seearten:

- Auf natürliche Weise entstandene Seen.
- Künstliche angelegte Seen. Sie bezeichnet man – je nach der Art ihrer Anlage – als *Baggersee* oder *Stausee*. Auch durch Eindeichung von Meeresbuchten können künstliche Seen entstehen, z. B. das IJsselmeer.

Natürlich entstandene Seen kann man nach der Art ihrer Entstehung weiter untergliedern:

- *Glazialseen* entstanden durch die abtragende bzw. aufschüttende Wirkung von Gletschern bzw. von Gletscherschmelzwasser. Das ist weltweit der häufigste Seentyp (z. B. die Großen Seen in Nordamerika oder die zahlreichen Seen in Nord- und Süddeutschland).
- *Tektonische Seen* entstanden durch Dehnung der Erdkruste und dadurch auftretende Risse und Grabenbrüche, z. B. der Baikalsee. Im Ostafrikanischen Grabenbruch bildete sich eine lange Seenkette, zu der auch der 1470 m tiefe Tanganjikasee zählt. Zu den tektonischen Seen zählen auch die meisten abflusslosen Endseen in Trockengebieten, da sie für gewöhnlich innerhalb von Senkungsgebieten liegen.
- *Abdämmungsseen* entstehen durch Bergstürze im Gebirge bzw. an Küsten durch Abschnürung von Meeresbuchten. Letztere werden auch als Strandseen bezeichnet.
- *Karst-* oder *Erdfallseen* entstehen durch Karbonat- oder Salzlösung (Subrosion) im Untergrund und Nachsacken der Erdoberfläche, beispielsweise der Arendsee und der Süße See in Sachsen-Anhalt.
- Seen, die durch vulkanische Aktivitäten entstanden sind (Kratersee). Beispiele in Deutschland sind die *Maare* in der Eifel, inklusive Laacher See.
- Seen innerhalb von Meteoritenkratern wie z. B. der Elgygytgyn.
- *Altwasserseen* entstehen durch natürliche Verlagerung von Flussläufen. Das alte Flussbett bleibt dann als langgestreckter See zurück (z. B. Kamernscher See bei Havelberg).
- *Thermokarstseen* entstehen in Gebieten mit Dauerfrostboden, z. B. in Alaska oder Nordsibirien.
- Seen mit einer komplexen Entstehungsgeschichte. So liegt der Vätternsee in Schweden z. B. innerhalb eines Grabenbruches, das Becken wurde aber vor allem von Gletschern ausgeschürft.

Nutzung

Natürliche und künstlich angelegte Seen bieten neben ihrer Bedeutung für die Natur auch einige Nutzungsmöglichkeiten für den Menschen.

Die meisten Seen werden entweder von Berufs- oder Angelfischern bewirtschaftet. Ferner können Seen als Badesee für Freizeit und Erholung, Schwimmen und Baden genutzt werden. Größere Seen bieten Möglichkeiten zum Wasserskifahren, Windsurfen und Segeln. Auf vielen großen Seen wird auch Binnenschifffahrt betrieben. Stauseen dienen oft der Stromerzeugung in Wasserkraftwerken. Aus Stauseen und hinreichend sauberen Naturseen wird auch oft Trinkwasser gewonnen.

Die Seen der Erde

Flächenmäßig größte Stillgewässer

See

Siehe auch: Liste der größten Seen

Faakersee in Österreich

Zugefrorener Ammersee in Bayern

See	Fläche	Tiefe	Lage	Wasserart
Kaspisches Meer	393.898 km²	995 m	Russland, Kasachstan, Aserbaidschan, Iran, Turkmenistan	Salzwasser
Oberer See	82.414 km²	405 m	USA, Kanada	Süßwasser
Victoriasee	68.870 km²	81 / 85 m	Tansania, Kenia, Uganda	Süßwasser
Huronsee	59.596 km²	229 m	USA, Kanada	Süßwasser
Michigansee	58.016 km²	281 m	USA	Süßwasser
Tanganjikasee	32.893 km²	1.470 m	Demokratische Republik Kongo, Tansania, Sambia, Burundi	Süßwasser
Großer Bärensee	31.792 km²	446 m	Kanada	Süßwasser
Baikalsee	31.492 km²	1.642 m	Russland	Süßwasser
Malawisee	29.600 km²	706 m	Malawi, Tansania, Mosambik	Süßwasser
Großer Sklavensee	28.438 km²	614 m	Kanada	Süßwasser
Eriesee	25.745 km²	64 m	USA, Kanada	Süßwasser
Winnipegsee	24.341 km²	18 m	Kanada	Süßwasser
Ontariosee	19.259 km²	244 m	USA, Kanada	Süßwasser
Balchaschsee	18.428 km²	26 m	Kasachstan	Brackwasser
Ladogasee	17.703 km²	255 m	Russland	Süßwasser
Aralsee	~ 17.160 km² (2004)	44 m	Kasachstan, Usbekistan *(ehemals 66.000 km²)*	Salzwasser

Ein See im Spreewald

Stausee

Siehe →Liste der größten Stauseen der Erde.

Höchstgelegener See

Der Lhagba Pool in Tibet liegt 6.368 m hoch, seine Klassifizierung als See (statt eines Schmelzwasserpools) ist allerdings umstritten. Danach gilt der Kratersee des 5920 m hohen Vulkans Licancabur an der Grenze zwischen Bolivien und Chile als höchster See der Erde.

Der Titicaca-See liegt 3810 m über dem Meeresspiegel und ist das höchstgelegene kommerziell schiffbare Gewässer der Erde.

Ein See in Mittelfinnland

Der Isernhagen See in Calvörde am Drömling

Tiefste Seen

See	Tiefe	Fläche	Lage	Wasserart
Baikalsee	1.642 m	31492 km²	Russland	Süßwasser
Tanganjikasee	1.470 m	32893 km²	Demokratische Republik Kongo, Tansania, Sambia, Burundi	Süßwasser
Kaspisches Meer	995 m	393898 km²	Russland, Kasachstan Aserbaidschan, Iran, Turkmenistan	Salzwasser
Malawisee	706 m	23310 km²	Malawi, Tansania, Mosambik	Süßwasser
Wostoksee	670 m	15690 km²	Antarktis	Süßwasser
Yssykköl	668 m	6236 km²	Kirgisistan	Süßwasser
Großer Sklavensee	614 m	28438 km²	Kanada	Süßwasser
Crater Lake	594 m	53 km²	USA	Süßwasser
Lago General Carrera	590 m	2200 km²	Chile, Argentinien	Süßwasser
Hornindalsvatnet	514 m	50 km²	Norwegen	Süßwasser
Tobasee	505 m	1103 km²	Indonesien, Sumatra	Süßwasser
Lake Tahoe	501 m	497 km²	USA	Süßwasser
Lago Argentino	500 m	1466 km²	Argentinien	Süßwasser
Lake Hauroko	463 m	63 km²	Neuseeland	Süßwasser
Vansee	457 m	3740 km²	Türkei	Sodawasser
Großer Bärensee	446 m	31153 km²	Kanada	Süßwasser
Comer See	425 m	146 km²	Italien	Süßwasser
Oberer See	405 m	82414 km²	USA, Kanada	Süßwasser
Gardasee	346 m	370 km²	Italien	Süßwasser

Tiefstgelegener See

- Das Tote Meer liegt 420 m unter dem Meeresspiegel.
- Der Wostoksee liegt 3700 bis 4000 Meter unter der Eisoberfläche der Antarktis.

Sonstiges

Im Niederdeutschen (und ebenso im Niederländischen) sind die Wortbedeutungen von „Meer“ und „See“ vertauscht: Die an Norddeutschland angrenzenden Meere heißen Nordsee und Ostsee (**die See**); im Landesinneren liegen dagegen z. B. das Steinhuder Meer, das Zwischenahner Meer, das Große Meer und andere; in den Niederlanden wurde die Zuiderzee nach ihrer Eindeichung in IJsselmeer umbenannt.

Siehe auch

- Eutrophierung, Ökosystem See
- Wasser, Trinkwasser
- Gewässer
  - Fließgewässer
  - Stillgewässer
  - Stausee
- Hohe See
- Hypsografische Kurve
- Die Erde in Daten und Zahlen
- Liste der Seen in Deutschland
- Liste der Seen in Österreich
- Liste der Seen in der Schweiz

Weblinks

- Ökosystem See [2] (Info des Bildungszentrums Nürnberg)
- World Lake Database [3] des ILEC International Lake Environment Committee

Quellen

[1] Rüdiger Mauersberger:*Klassifikation der Seen für die Naturraumerkundung des nordostdeutschen Tieflandes* Templin, 2006
[2] http://www.kubiss.de/kultur/projekte/pegnitz/ccb04.htm
[3] http://www.ilec.or.jp/database/database.html

bjn:Danaw mrj:Йäр rue:Озеро xmf:ტობა

Vulkankrater

Der **Vulkankrater** ist die schüsselförmige, oft sogar schachtartige Vertiefung, aus der bei einem Vulkan das Magma austritt oder ausgetreten ist. Bei einem Schichtvulkan oder einem Zentralvulkan liegt der Krater oft am Gipfel des Vulkans.

Mount St. Helens nach der Eruption im Jahre 1980

Bei einem Vulkanausbruch werden nicht nur glutflüssige, sondern auch feste oder gasförmige Stoffe über den Vulkankrater freigesetzt (Vulkanismus), wenn der Druck durch die Gase infolge der hohen Temperatur der zähflüssigen Magma ansteigt, weil im Vulkankrater selbst sich die Lava abkühlt und allmählich zu einem Verschließen der Vulkanschlote führt. Die Gase können nicht anders als durch eine Eruption entweichen. Es ist daher durchaus nicht ungefährlich auf dem Rand eines solchen Vulkankraters zu laufen und in das Berginnere zu sehen.

Abgrenzungen

Davon zu unterscheiden sind Maare, die durch vulkanische Dampfexplosionen, sogenannte phreatomagmatische Explosionen entstehen. Auch Tuffringe haben einen ähnlichen Ursprung wie etwa Hverfjall am See Mývatn in Island.

Ein Krater ist nicht mit einer Caldera zu verwechseln, da es sich dabei um eine Einbruchstruktur handelt.

Kraterreihe

Wenn es sich um einen Spaltenausbruch handelt, können sich über einer sich öffnenden Vulkanspalte regelrechte Reihen von Kratern aufbauen. Beispiele wären die Laki-Krater oder die Vatnaöldur-Krater in Island oder auch die Kraterreihe La Chaîne des Puys in der Auvergne in Frankreich.

Hverfjall

Lakikraterreihe

Kraterreihe La Chaîne des Puys

Vulkankegel auf Lanzarote, umflossen von erstarrter, aschebedeckter Lava

Siehe auch

- Pitkrater
- Pseudokrater

Literatur

- Felix Frank: *Handbuch der 1350 aktiven Vulkane der Welt*, Ott Verlag, Thun 2003, ISBN 3-7225-6792-0
- Alfred Rittmann: *Vulkane und ihre Tätigkeit*. Ferdinand Enke Verlag, Stuttgart 1981, ISBN 3-432-87793-5.

Weblinks

- Krater beim Global Volcanism Program [1] (englisch)
- Fotosammlung von Vulkankratern [2]

References

[1] http://www.volcano.si.edu/education/tpgallery.cfm?category=Craters
[2] http://www.fotosearch.de/bilder-fotos/vulkan-krater.html

Caldera_(Krater)

Eine **Caldera** (spanisch für *Kessel*) ist eine kesselförmige Struktur vulkanischen Ursprungs.

Caldera (9,5 km Durchmesser und 600 m Tiefe) des Vulkans Mount Aniakchak in Alaska mit darin gebildetem kleineren Vulkankegel

Davon zu unterscheiden sind:

- Maare, die durch vulkanische Dampfexplosionen (phreatomagmatische Explosionen) entstehen und
- Vulkankrater, die den Austrittspunkt von Magma bezeichnen.

Entstehung

Calderen entstehen entweder durch explosive Eruptionen (Sprengtrichter) oder durch den Einsturz oberflächennaher Magmakammern eines Zentralvulkans, die zuvor durch Ausbrüche entleert worden sind. Explosionscalderen und Einsturzcalderen sind oft schwer voneinander zu unterscheiden. Eine Caldera kann durch ausströmende Lava wieder gefüllt werden. Auch kann sich auf dem Boden einer Caldera erneut ein Vulkankegel bilden, wie dies beim Vesuv oder mit dem

Sakura-Jima in der Aira-Caldera, Japan, geschehen ist. Calderen von Supervulkanen können riesige Ausmaße annehmen, so war die Caldera des ersten Yellowstone-Vulkanausbruchs 80 km lang und 55 km breit. Calderen füllen sich häufig mit Wasser und bilden dann einen Calderasee, in dem sich wiederum durch neue Vulkane oder Lavadome Inseln bilden können.

Teide (Teneriffa) und die Caldera, Blick vom Guajara

Wird der Schlot im Zentrum einer Caldera wieder aktiv, kommt es zu einer erneuten Bildung eines Kegelbergs. Entsteht daraufhin ein neuer Vulkan auf einem alten Vulkan, spricht man von einem Somma-Vulkan. Die einzelnen Stadien der Entstehung werden wie folgt bezeichnet: Ursomma – Altsomma – Jungsomma – Vesuvstadium (erneuter Ausbruch).

Caldera des Vulkans Pinatubo mit Kratersee

Bekannte Calderen

Zu den bedeutendsten Calderen gehören die des Teide (Teneriffa), der Tobasee (Sumatra), die Yellowstone-Caldera (USA) und die Caldera der Inselgruppe Santorin.

Die Caldera de Taburiente (La Palma), die ursprünglich namensgebend war, ist geologisch betrachtet vermutlich keine Caldera, sondern durch spätere Erosion entstanden.

- Afrika
  - Pico de Fogo (Fogo, Kap Verde)
  - Ngorongoro (Tansania)
  - Trou au Natron (Tschad)
  - Waw an-Namus (Libyen)
- Asien
  - Aira-Caldera (Präfektur Kagoshima, Japan)
  - Aso (Präfektur Kumamoto, Japan)
  - Batur, (Bali, Indonesien)
  - Bromo, (Java, Indonesien)
  - Kikai-Caldera (Präfektur Kagoshima, Japan)
  - Krakatau, Indonesien

  - Kurilensee (Kamtschatka, Russland)
  - Nemrut (Türkei)
  - Pinatubo (Luzon, Philippinen)
  - Taal (Luzon, Philippinen)
  - Tobasee (Sumatra, Indonesien)
  - Tambora (Sumbawa, Indonesien)
  - Tao-Rusyr-Caldera (Onekotan, Russland)
  - Towada (Präfektur Aomori, Japan)
  - Tazawa (Präfektur Akita, Japan)
- Amerika
  - Nordamerika
    - Mount Aniakchak (Alaska, USA)
    - Crater Lake (Crater Lake National Park, Oregon, USA)
    - Kilauea (Hawaii, USA, liegt geographisch im Polynesischen Dreieck und gehört zur Pazifischen Platte)
    - Moku'āweoweo Caldera auf Mauna Loa (Hawaii, USA, liegt geographisch im Polynesischen Dreieck und gehört zur Pazifischen Platte)
    - Mount Katmai (Alaska, USA)
    - La-Garita-Caldera (Colorado, USA)
    - Long Valley (Kalifornien, USA)
    - Newberry Caldera (Oregon, USA)
    - Mount Okmok (Alaska, USA)
    - Valles-Caldera (New Mexico, USA)
    - Yellowstone (Wyoming, USA)
  - Mittelamerika
    - Masaya, Nicaragua
    - Lago de Atitlán, Guatemala
  - Südamerika
    - Cuicocha, Ecuador
    - Vilama, Argentinien
    - Caldera del Atuel, Argentinien
- Europa
  - Askja (Island)
  - Krafla (Island)
  - Katla (Island)
  - Campi Flegrei (Italien)

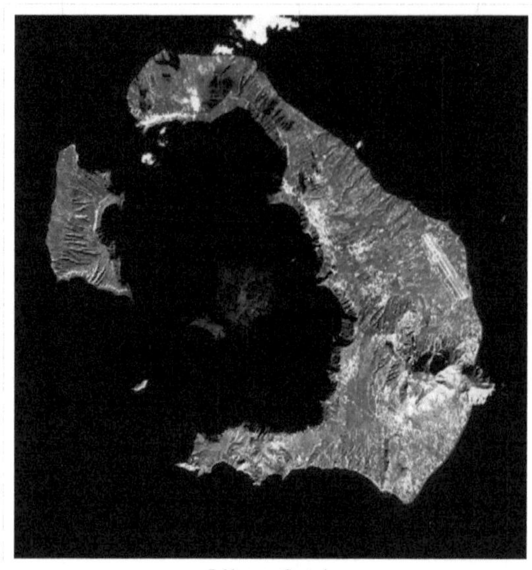

Caldera von Santorin

Falschfarben-Satellitenaufnahme des Tobasees, der 100 km langen und 30 km breiten Caldera eines Supervulkans

- Bolsenasee (Italien)
- Braccianosee (Italien)
- Laacher See (Vulkaneifel, Deutschland)
- Santorin (Griechenland)
- Las Cañadas auf Teide (Teneriffa, Spanien, Kanarische Inseln, gehört geographisch zu Afrika)
- Caldera de Taburiente (La Palma, Spanien, Kanarische Inseln, gehört geographisch zu Afrika)
- Lagoa do Fogo, auf Sao Miguel, (Azoren, Portugal)
- Cabeço Gordo, auf Ilha do Faial (Azoren, Portugal)

Lagoa Azul und Lagoa Verde auf Sao Miguel (Azoren)

- Ozeanien
  - Tauposee (Neuseeland)
  - Mount Warning (Australien)
  - Blue Lake (Süd Australien)
  - Ambrym (Vanuatu)
  - Kuwae (Vanuatu)

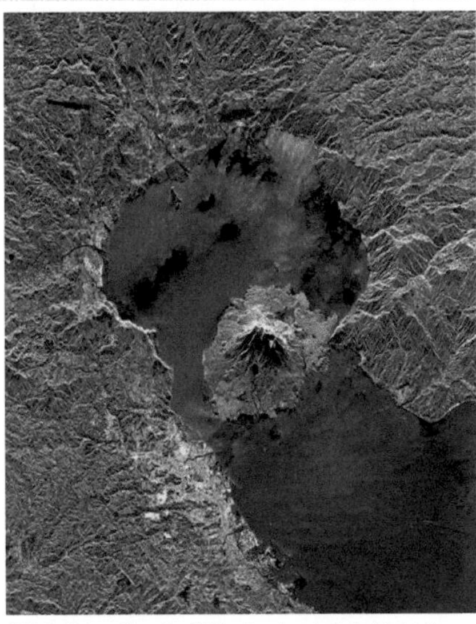
Bild des Sakura-Jima. Der Vulkan liegt innerhalb der Bucht, die von der Aira-Caldera geformt wurde

Außerirdische Calderen

Auf verschiedenen Himmelskörpern des Sonnensystems, die einen vergangenen oder rezenten Vulkanismus aufweisen, konnten auf von Raumsonden gewonnenen Aufnahmen Caldera-Strukturen entdeckt werden, die zum Teil deutlich größer sind als irdische Calderen. Auf dem vulkanisch aktiven Jupitermond Io wurden hunderte Calderen entdeckt, deren größte einen Durchmesser von bis zu 400 km aufweisen.

- Mars
  - Caldera des Olympus Mons
- Venus
  - Caldera des Maat Mons
- Io
  - Prometheus-Caldera

Siehe auch

- Vulkanexplosivitätsindex
- Supervulkan
- Vulkanismus

Mit Eis gefüllte Caldera des Vulkans Katla unter der Eiskappe des Gletscherschildes Mýrdalsjökull in Südisland

Weblinks

- Caldera beim Global Volcanism Program [1]

Olympus Mons

References

[1] http://www.volcano.si.edu/education/tpgallery.cfm?category=Calderas

Maar

Ein **Maar** (von lateinisch *mare* n. „die See", „das Meer") ist ein schüssel- oder trichterförmiger Vulkan, der in die vorvulkanische Landoberfläche eingesenkt ist und durch Wasserdampfexplosionen beim Zusammentreffen von Wasser und heißem Magma entstand, in den meisten Fällen in einer einzigen Explosionsperiode.[1] Maare sind meistens kreisförmig oder oval, die Mulde des Maars kann flach oder trichterförmig (kraterförmig) sein. Man unterscheidet den wassergefüllten **Maarsee** vom **Trockenmaar**.

Die Ukinrek-Maare in Alaska (letzter Ausbruch 1977)

Die sowohl in wassergefüllten als auch in trockenen Maaren vorgefundenen Sedimente geben mittels sedimentologischer Untersuchungen für die Klimaforschung Einblicke in die klimatische Vergangenheit der Erde.[2],[3]

Ulmener Maar

Namensherkunft

Der Name *Maar* leitet sich höchst wahrscheinlich vom gleichnamigen Eifler Mundartbegriff aus der Dauner Gegend ab. Eine der ersten schriftlichen Erwähnungen ist die Anwendung des Wortes *Marh* auf das Ulmener Maar und (nach heutigem Wortsinn fälschlich, da eine Caldera) den Laacher See durch Sebastian Münster in seinem Buch *Cosmographica*. Der Trierer Geologe und Gymnasiallehrer Johannes Steininger (1794–1874) griff diesen Mundartnamen auf und wandte ihn als erster in der geologischen Literatur entsprechend an (ein normalerweise mit Wasser gefüllter Vulkantrichter). Später ging dieser Begriff in die internationale Fachsprache ein. Die Ableitung vom lat. *mare* ist naheliegend.[1]

Aufbau und Entstehung

Die Bildung von Maaren war lange umstritten, konnte jedoch aufgrund der Beobachtungen an aktiven Maarvulkanen rund um den Pazifik geklärt werden.

Phreatomagmatische Explosion im östlichen Ukinrek-Maar

Maare entstehen bei einer phreatomagmatischen Explosion, wenn kaltes Wasser (Grund- oder Oberflächenwasser) auf heiße Gesteinsschmelze (Magma) trifft. Der davon verursachte Explosionsvorgang führt zu einem raschen Auswurf von Tuffmaterial, das in manchen Fällen fast gänzlich aus zertrümmertem nichtvulkanischem Nebengestein besteht, auf jeden Fall ist ein Nebengesteinsanteil in den ausgeworfenen Tuffen festzustellen. Die Tuffe können einen Wall um den Maarrand bilden, in unregelmäßig verteilten Tufffächern vom Maar ausgehen oder als Tuffdecke die Umgebung des Maars überdecken. Der Durchmesser typischer Maare liegt zwischen 50 und 2.000 m, noch größere Maare sind bekannt.

Die Größe des Maars hängt im Wesentlichen von der zugeführten Wassermenge ab. Bei geringer Wassermenge liegt das Zentrum der Explosion nahe der Erdoberfläche in etwa 30 bis 100 m Tiefe. Der herausgesprengte Trichter ist einige hundert Meter groß, sein Volumen entspricht dem des ausgeworfenen Materials. Ist die Wassermenge groß, weil etwa ein wasserreicher Bach oder ein See in den Vulkanschlot hinein läuft, so kann das Wasser größere Tiefen erreichen, und die Explosion findet in bis zu 500 m Tiefe statt. Die Explosion kann das Gestein über ihr nicht vollständig ausräumen, so dass das bei der Explosion zertrümmerte Gestein in engen Explosionskanälen und -spalten nach oben durchbricht und dort als Tuffächer oder -strahl ausgeworfen wird, während der entleerte Hohlraum schließlich einbricht. Explosionen solchen Typs erzeugen Maare mit mehr als 1.000 m Durchmesser.

Maarseen und Trockenmaare

Ein *Maarsee* ist ein mit (Grund-)Wasser gefüllter Maarkessel. Maarseen füllen die trichterförmige und meist runde Hohlform der vulkanischen Explosionstrichter aus. Beispiele für diesen Maartyp sind die drei Dauner Maare in der Eifel. Ein *Trockenmaar* ist ein mit Sediment aufgefüllter (verlandeter), angelandeter oder trockengelegter Maarsee. Ein verlandeter Maarsee ist zum Beispiel das Eckfelder Maar. Bei Steffeln ist das im letzten Jahrhundert trockengelegte Eichholzmaar (auch „Gussweiher" genannt) wieder zu einem Maar renaturiert worden. In einigen Fällen ist der Untergrund so wasserdurchlässig, dass sich kein Maarsee bilden kann. Nach schneereichen Wintern und starken Regenfällen füllen sich manche Trockenmaare partiell und temporär mit Wasser, andere enthalten kleine Moore oder oft künstlich angelegte Weiher, die jedoch nur Teile der Hohlform einnehmen.

Abgrenzung zu anderen Vulkanformen

Der Vulkantyp des Maares lässt sich gegen ähnliche vulkanische Formen wie folgt abgrenzen:

- im Gegensatz zu Kraterseen sind Maare in eine nichtvulkanische Oberfläche eingesenkt. Von ihm gehen keine oder selten Lavaströme aus.
- im Gegensatz zu Calderen entstehen Maare nicht durch den Einsturz einer Magmakammer. Durch den Auswurf von Gesteinsmaterial aus tieferen Regionen bei einer Maareruption kann der Einsturz der Oberfläche verursacht werden, Reste eines Vulkankegels oder anderer Vulkangebäude fehlen jedoch, ebenso Hinweise auf eine längere Entstehungszeit.
- im Gegensatz zum Diatrem weist ein Maar einen in die Erdoberfläche eingesenkten Trichter oder Krater auf.

Vorkommen

Beide Maarformen, sowohl Maarseen wie auch Trockenmaare, sind typisch für die Vulkaneifel. Ein berühmtes Beispiel für ein deutsches Maar außerhalb der Eifel ist die Grube Messel, ein ehemaliger Maarsee bei Darmstadt, der durch seine ausgezeichnet erhaltenen Fossilien bekannt ist. Daneben weist auch die Schwäbische Alb Maare auf, wie das Trockenmaar Randecker Maar. Aktive Maarvulkane sind vor allem außerhalb Europas bekannt.

Maare finden sich in beinahe allen vulkanischen Regionen der Erde, zum Beispiel in Frankreich, Spanien, Italien und Griechenland, in den USA (Alaska, New Mexico), Mexiko und El Salvador, in Südamerika, in Sibirien auf der Halbinsel Kamtschatka sowie in Japan, Australien, den Philippinen, in Indonesien, auf Papua-Neuguinea, in Äthiopien in Kamerun und vielen anderen Ländern.

Maare der Eifel

In der Vulkaneifel kommen etwa 75 Maare vor, sowohl als wassergefüllte Maarseen, in den weitaus überwiegenden Zahl der Fälle jedoch als Trockenmaar. Die letzten Ausbrüche liegen mindestens 11.000 Jahre zurück, und viele Maare der Eifel sind deutlich älter. Aus diesem Grund sind viele bereits stark erodiert und ihre Formen und vulkanischen Merkmale nicht so deutlich, wie dies bei jüngeren oder gar aktiven Maaren anderswo auf der Erde der Fall ist. Dennoch sind die Maare der Eifel gut erhalten[4] .

Die drei Dauner Maare. Von vorne nach hinten das Gemündener, Weinfelder (Toten-) und Schalkenmehrener Maar.

Weinfelder Maar

Schalkenmehrener Maar (See)

Wassergefüllte Maare der Eifel

Name	Fläche des Sees (ha)	Tiefe des Sees[1)] (m)	Lage	Anmerkung
Weinfelder Maar	16,8	51	50° 10′ 35″ N, 6° 51′ 1″ O	Auch *Totenmaar* genannt
Schalkenmehrener Maar	21,6	21	50° 10′ 10″ N, 6° 51′ 29″ O	
Gemündener Maar	7,2	39	50° 10′ 39″ N, 6° 50′ 11″ O	
Holzmaar	6,8	21	50° 7′ 8″ N, 6° 52′ 45″ O	Wird von einem Bach durchflossen.
Immerather Maar	ca. 6	2,90	50° 7′ 19″ N, 6° 57′ 31″ O	Geringste Tiefe aller Eifelmaarseen

Pulvermaar	38,48	72	50° 7′ 52″ N, 6° 55′ 34″ O	Tiefster und größter Maarsee Deutschlands.
Meerfelder Maar	24	17	50° 6′ 2″ N, 6° 45′ 23″ O	
Ulmener Maar	ca. 6	37	50° 12′ 36″ N, 6° 58′ 59″ O	Jüngstes Maar der Eifel
Eichholzmaar	1,1	3,2	50° 16′ 19″ N, 6° 33′ 53″ O	Kleinster, dauerhafter Maarsee der Eifel

1) bei mittlerem Wasserstand.

Darüber hinaus kommen zahlreiche Trockenmaare in der Vulkaneifel vor. Beispiele für Trockenmaare der Eifel sind:

- Mosbrucher Weiher (4 km südöstlich von Kelberg)
- Booser Doppelmaar (westlich von Boos (nahe Kelberg))
- Dreiser Weiher (westlich von Dreis-Brück (nördlich von Daun)
- Dürres Maar (südwestlich von Gillenfeld)
- Duppacher Weiher (bei Duppach nordwestlich von Gerolstein)
- Geeser Maar (östlich von Gerolstein, nördlich des Stadtteils Gees)
- Eckfelder Maar (Nähe Eckfeld)
- Eigelbacher Maar (bei Kopp, Kreis Daun); Maarkessel: ca. 1.200 m × 1.200 m
- Hitsche Maar (nordwestlich des Dürren Maars, kleinstes Eifelmaar (Ø = 60 m))
- Immerather Risch (das; *mnd.* „risch“ = Röhricht), nördlich des Immerather Maares
- Gerolsteiner Maar nordöstlich von Gerolstein
- Schalkenmehrener Maar Ost
- Schönfelder Maar südwestlich von Stadtkyll-Schönfeld
- Steffelner Laach oder „Laach Maar“ bei Steffeln
- Dehner Maar bei Reuth
- Walsdorfer Maar („Schilierwiese“) im Süden von Walsdorf; Maarkessel: ca. 1.150 m × 1.000 m

Abweichende Verwendung des Begriffs *Maar*

Die im folgenden genannten Vulkanformen werden oft landläufig als „Maar“ oder „Maarsee“ bezeichnet, obwohl es sich dabei nicht um Maare im eigentlichen Sinn handelt:

- Windsborner Kratersee und Hinkelsmaar in der Manderscheider Vulkangruppe bei Bettenfeld, Kraterseen des Mosenberges
- Laacher See bei Maria Laach, See im Einbruchkrater (Caldera) des Laacher See Vulkans.
- Strohner Maarchen (südlich des Pulvermaares), Schlackenschlot in Maar umgewandelt.
- Papenkaule, ein Vulkankrater, und die dazu gehörige Ausbruchstelle der Hagelskaule
- Elfenmaar bei Bad Bertrich, ein nahezu vollständig abgetragener Schichtvulkan
- Rodder Maar bei Niederdürenbach, Herkunft ungeklärt.[5]

Maare außerhalb Deutschlands

Auch anderswo in Europa kommen Maare vor. So enthält etwa die Chaîne des Puys in Frankreich zahlreiche Maare, der Albaner See in den Albaner Bergen ist ein komplex gebautes Maar, und von Santorini in Griechenland ist ebenfalls ein Maar bekannt (Colombo). Das Vulkangebiet von Campo de Calatrava in Spanien enthält zahlreiche Maare, ein typisches Beispiel ist etwa der Hoya del Mortero bei Poblete in der Provinz Ciudad Real.

Gour de Tazenat, Chaîne des Puys, Frankreich

In den USA bestehen zahlreiche Maargebiete, so etwa in Alaska (Ukinrek-Maare, Nunivak im Beringmeer), in Washington (Battle Ground Lake, in Oregon (Fort Rock Basin mit den Maaren Big Hole, Hole-in-the-Ground, Table Rock, Seven-Mile Ridge, im Death-Valley-Nationalpark (Ubehebe Crater) sowie die Maare des White Rock Canyon, Mount Taylor und Potrillo Volcanic fields, Zuni Salt Lake Crater und Kilbourne Hole Crater in New Mexico.

In Zentralmexiko enthält das Tarascan-Vulkanfeld in den Bundesstaaten Michoacán und Guanajuato mehrere Maare. In El Salvador findet sich das Maar der Laguna Aramuaca. Aus Südamerika sind etwa in Chile Maare bekannt (Carrán-Los Venados in Zentralchile, Cerro Overo und Cerro Tujle in Nordchile). Die Laguna Jayu Khota ist ein Maar in Bolivien.

Das Maar von Birket Ram[6] liegt auf den Golanhöhen, weiter südlich kommen in Afrika ebenfalls Maare vor (Bilate-Vulkanfeld und Haro Maja im Butajiri-Silti-Vulkanfeld, Äthiopien, und der Nyos-See im Oku-Vulkanfeld in Kamerun).

In Sibirien ist etwa das Kinenin Maar sowie das Maar des Sees Dal'ny unter den Vulkanen der Halbinsel Kamtschatka zu nennen. In Japan gibt es Maare im Kirishima-Yaku-Vulkanfeld im Kirishima-Yaku-Nationalpark auf Kyushu (Kagamiike Pond) sowie zahlreich auf der Vulkaninsel Miyake-jima, Izu-Inseln (Furumio, Mi'ike, Mizutamari, Shinmio).

Die Newer Volcanics Province in der Provinz Victoria, Australien, enthält zahlreiche Maare, so etwa Mount Gambier und Mount Schank. Auf Papua-Neuguinea ist der Koranga bekannt, und im Krummel-Garbuna-Welcker-Vulkanfeld auf Neubritannien liegt das Numundo-Maar. Der Kawah Masem am Sempu in Indonesien ist ebenfalls ein Maar, und das San Pablo Volcanic Field in der Provinz Laguna auf der Insel Luzon auf den Philippinen enthält Maare.

Siehe auch

- Tuffring
- Tuffkegel

Literatur

- Werner D'hein: *Natur- und Kulturführer Vulkanland Eifel. Mit 26 Stationen der „Deutschen Vulkanstraße“.* Gaasterland-Verlag, Düsseldorf 2006, ISBN 3-935873-15-8
- Hans-Ulrich Schmincke: *Vulkanismus.* Primus-Verlag, Darmstadt 2010, ISBN 978-3-89678-690-6. S.184
- Wilhelm Meyer: *Geologie der Eifel.* 1. Auflage. Schweizerbart'sche Verlagsbuchhandlung, Stuttgart 1986, ISBN 3-510-65127-8.

Weblinks

- Maar World Map [7] (Deutsches GeoForschungsZentrum)
- Maarmuseum Manderscheid [8]
- *Der Schatz im Kratersee* - Artikel zum Baruther Maar in Sachsen auf dem Geowissenschaften-Portal planeterde [9]

Einzelnachweise

[1] Wilhelm Meyer: *Geologie der Eifel.* 1. Auflage. Schweizerbart'sche Verlagsbuchhandlung, Stuttgart 1986, ISBN 3-510-65127-8, S. 311f.

[2] www.wissenschaft.de: Maare in der Eifel zeichneten Klimawandel vor der letzten Kälteperiode auf (http://www.wissenschaft.de/wissen/news/256383.html)

[3] Klimaforschung im Vulkan-Kratersee, GeoForschungsZentrum Potsdam (http://www.gfz-potsdam.de/portal/-?$part=CmsPart&$event=display&docId=1005232&cP=GFZ.quicksearch)

[4] Meyer 1986, S. 311

[5] Ungeklärte Herkunft des Rodder Maars (von Prof. Dr. Wilhelm Meyer) (http://www.kreis.aw-online.de/ausdruckR.php?id=172)
[6] Neumann et al. (2007): Holocene vegetation and climate history of the northern Golan heights (Near East) (http://www.springerlink.com/content/h48545m24rt82032), Vegetation History and Archaeobotany 16, 329-346
[7] http://maarworldmap.gfz-potsdam.de/index.php?id=892
[8] http://www.maarmuseum.de/
[9] http://www.planeterde.de/geotechnologien/aktuell/der-schatz-im-kratersee/

Einschlagkrater

Ein **Einschlagkrater**, (auch **Impaktkrater** genannt) ist eine zumeist annähernd kreisförmige Senke auf der Oberfläche eines erdähnlichen Planeten oder eines ähnlich festen Himmelskörpers, die durch den Einschlag – den Impakt – eines anderen Körpers wie eines Asteroiden oder eines hinreichend großen Meteoroiden entsteht. Nach den gefundenen Resten solcher Impaktoren, den Meteoriten, spricht man auch von einem **Meteoritenkrater**.[1] [2] [3] Für Einschlagkrater auf der Erde hat der US-amerikanische Geophysiker Robert S. Dietz 1960 die Bezeichnung **Astroblem** („Sternwunde") vorgeschlagen, die sich im Deutschen, teilweise aber auch im französischen *Astroblème* (zum Beispiel Astroblème de Rochechouart-Chassenon) eingebürgert hat.

Allgemeines

Alle Himmelskörper des Sonnensystems mit fester Oberfläche besitzen solche Krater. Der Mond ist von Einschlagkratern übersät. Auf der Erde, deren Oberfläche ständigen Veränderungen durch Erosion, Sedimentation und geologische Aktivität unterworfen ist, lassen sich Einschlagkrater nicht so leicht erkennen wie auf davon nicht oder weniger betroffenen Himmelskörpern. Ein extremes Beispiel dafür ist Io, ein erdmondgroßer Satellit des Jupiter, dessen Oberfläche aufgrund großer Gezeitenkräfte von sehr aktivem Vulkanismus geprägt ist und dadurch so gut wie keine Einschlagkrater besitzt.

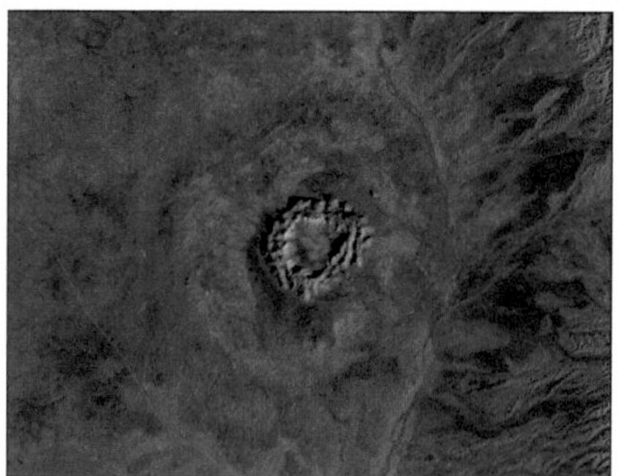

Gosses-Bluff-Krater, Australien

Entstehung

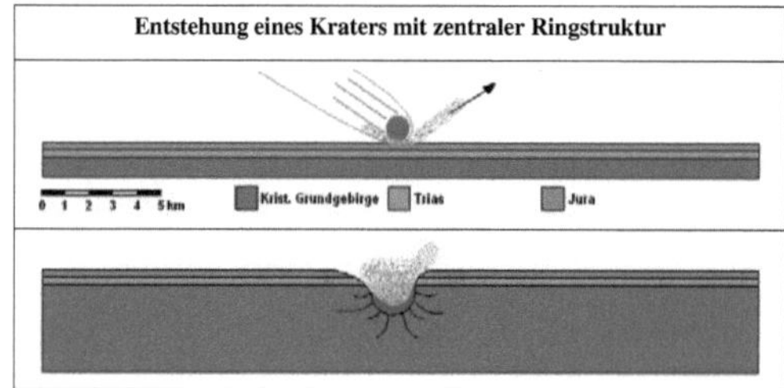

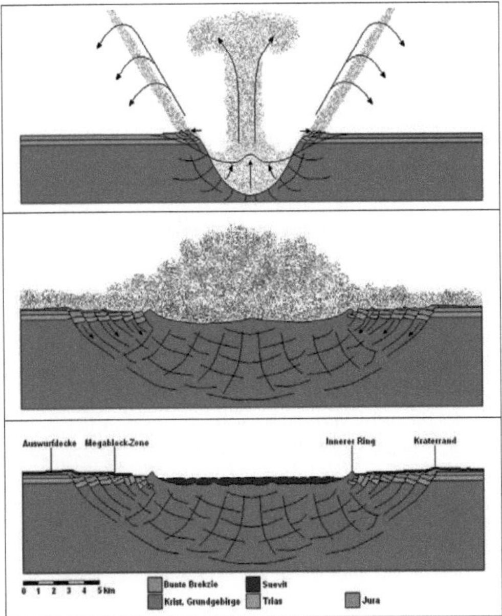

Kleinere Meteoroide, die sich auf einem Kollisionskurs mit der Erde befinden, verglühen oder zerplatzen in der Erdatmosphäre. Größere Objekte mit der Masse von einigen Tonnen werden vom Luftwiderstand abgebremst. Diese Projektile erreichen mit Geschwindigkeiten von 10 bis 70 Kilometern pro Sekunde die Erdoberfläche. Daher werden solche Einschläge als Hochgeschwindigkeitseinschläge bezeichnet. Beim Aufprall können sie bis zu einer Tiefe von 100 m in das Gestein eindringen. Da die kinetische Energie dabei in Sekundenbruchteilen in thermische Energie umgewandelt wird, kommt es zu einer Explosion. Das umliegende Material wird weggesprengt, und es entsteht, unabhängig vom Einschlagwinkel, gleich einem Explosionskrater eine kreisrunde Senke, an deren Rändern das ausgeworfene Material einen Wall bildet. Um den Krater herum findet sich ausgeworfenes Material, die sogenannten Ejekta. Diese Ejekta können Sekundärkrater um den primären Krater hervorrufen.

Kleinere Krater haben im Allgemeinen eine schüsselartige Form und werden als einfache Krater bezeichnet. Ab einer bestimmten Größe, die mit der Schwerkraft am jeweiligen Himmelskörper abnimmt und außerdem vom Zielgestein abhängt, entstehen komplexe Krater. Auf dem Mond liegt dieser Grenzdurchmesser bei 15 bis 20 km, auf der Erde bei 2 bis 4 km. Mit zunehmendem Durchmesser des Kraters bildet sich zunächst ein Zentralberg, der dann zur zentralen Ringstruktur wird, schließlich entsteht eine Multiringstruktur. Diese kann als innersten Ring im Grenzfall auch immer einen Zentralberg enthalten. Ursache ist das Rückfedern des Kraterbodens, das zunächst einen Zentralberg in der Kratermitte bildet und das anschließende Kollabieren dieses instabil tiefen Primärkraters. Dieses findet innerhalb weniger Minuten nach dem Einschlag im Bereich der bereits von der Stoßwelle zertrümmerten Kraterumgebung statt. Der Kraterdurchmesser vergrößert sich dabei erheblich.

Manche Mondkrater zeigen auch terrassenartige Absenkungen, die wie bei einem Einbruchsbecken durch allmähliches Nachgeben der Gesteinskruste entstehen.

Große und bekannte Einschlagkrater

Krater der Erde

Auf der Erde sind neben zahlreichen kleineren Einschlagkratern über 100 Gebilde mit Durchmessern von 5 bis 200 km entdeckt worden. Allerdings trifft die Bezeichnung Krater für viele der aufgezählten Strukturen nicht mehr zu, da der eigentliche Krater durch Erosion längst abgetragen wurde (Beispiel Vredefort-Krater) oder vollständig von jüngeren Sedimenten überdeckt wurde (Beispiel Chicxulub-Krater). Man spricht dann allgemeiner von einer Impaktstruktur.

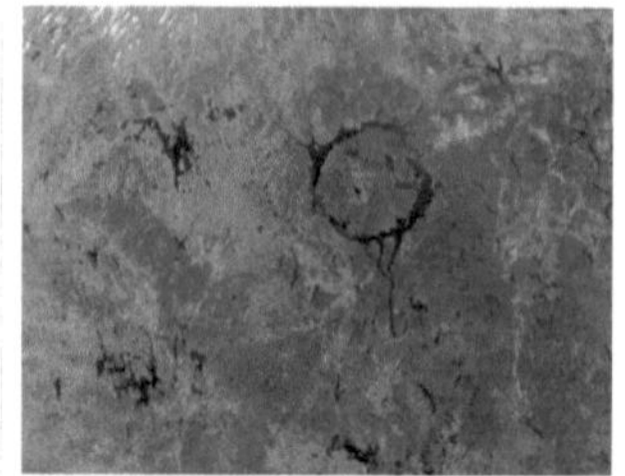

Manicouagan-Krater, Kanada

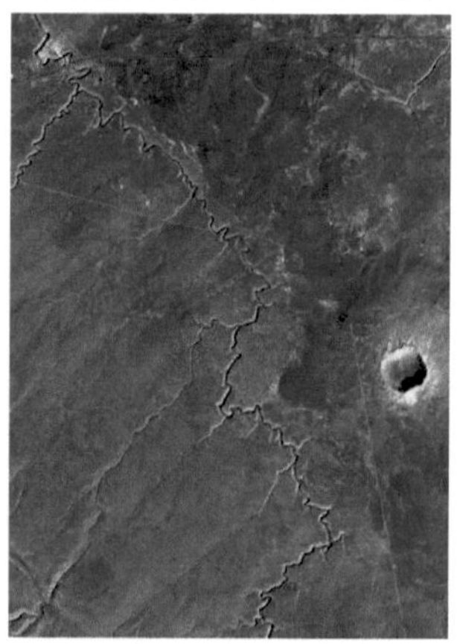

Barringer-Krater, Arizona, USA

- Der größte verifizierte Einschlagkrater der Erde ist der Vredefort-Krater nahe dem Witwatersrand-Gebirge bei Vredefort in Südafrika. Der Einschlag eines Himmelskörpers bildete dort verschiedenen Angaben zufolge vor 2 bis 3,4 Milliarden Jahren einen bis 320 km langen und 180 km breiten Krater, von dem allerdings nur noch ein bis zu 50 km großer Rest vorhanden ist.
- Ein weiterer großer Einschlagkrater ist das Sudbury-Becken in Ontario (Kanada), das etwa 200 bis 250 km Durchmesser hat und geschätzte 1,85 Milliarden Jahre alt ist.
- Der Chicxulub-Krater in Yucatán (Mexiko) hat einen Durchmesser von etwa 200 km. Der dortige Einschlag eines Himmelskörpers vor etwa 65 Millionen Jahren soll durch globale Tsunamis, Waldbrände und die daraus resultierende Verunreinigung der Atmosphäre die Dinosaurier und viele andere Spezies ausgelöscht haben.
- Der Manicouagan-Krater in Québec (Kanada) entstand durch den Einschlag eines Himmelskörpers vor etwa 214 Millionen Jahren. Von den ursprünglich rund 100 km Durchmesser sind durch Sedimentablagerungen und Erosion nur noch 72 km vorhanden.
- Ähnlich groß wie der Manicouagan-Krater ist der Popigai-Krater in Nordsibirien, der bei einem Alter von rund 35 Millionen Jahren ebenfalls einen Durchmesser von rund 100 Kilometern aufweist.
- Der Siljan-Krater in Schweden, der vor rund 360 Millionen Jahren entstand, ist mit mindestens 50 km Durchmesser der größte Einschlagskrater Europas.
- Zwei Einschlagkrater in Deutschland sind das Nördlinger Ries in Bayern, das etwa 24 km Durchmesser aufweist und vor ca. 14,6 Millionen Jahren entstand, und das 40 km entfernte Steinheimer Becken in Baden-Württemberg.[4] Beide Krater besitzen einen Zentralberg. Man geht davon aus, dass die beiden Krater zur gleichen Zeit entstanden sind, vielleicht sogar durch das gleiche Ereignis (dem so genannten Ries-Ereignis, vermutlich durch einen zerborstenen Asteroiden).
- Der sehr bekannte Barringer-Krater (auch einfach nur *Meteor Crater* genannt), der vor nur etwa 50.000 Jahren entstand, nur etwa 1,5 km Durchmesser aufweist und bis 170 m tief ist, befindet sich in der Wüste von Arizona (USA). Aufgrund der geringen Erosion befindet er sich in einem gut erhaltenen Zustand. Er ist ein typisches Beispiel für einen einfachen Krater ohne Zentralberg.
- Der Silverpit-Krater wurde 2001 in der Nordsee entdeckt und weist – obschon nur 2,4 Kilometer durchmessend – eine den Krater umgebende Struktur aus konzentrischen Ringen auf, die sich in bis zu 10 Kilometer Entfernung erstrecken. Der Ursprung des hierdurch sehr unüblichen Kraters ist nicht hinreichend geklärt, jedoch wird ein

Einschlag vor etwa 65 Millionen Jahren angenommen.

- 2006 wurde der Wilkeslandkrater unter der Antarktischen Eisdecke entdeckt. Der Krater hat einen Durchmesser von fast 480 km und ist vermutlich vor ca. 250 Millionen Jahren entstanden. Noch ist aber nicht verifiziert, dass es sich um einen Einschlagkrater handelt.
- Vor weniger als 5000 Jahren entstand im südwestlichen Ägypten beim Einschlag des nickelreichen Eisenmeteoriten "Gebel Kamil" vom Typ Ataxit der sehr gut erhaltene Krater Kamil mit 45 Metern Durchmesser und ausgeprägter Strahlenstruktur.

Weitere Impaktstrukturen der Erde

- Bosumtwi in Ghana
- Chesapeake in den USA
- Elgygytgyn in Nordostsibirien
- Roter Kamm in Namibia
- Tswaing in Südafrika

Siehe auch: Liste der Einschlagkrater der Erde

Krater anderer Himmelskörper

- Auf dem Mond kennt man etwa 60.000 Krater mit über 1 km Durchmesser. Die größeren (etwa 100 bis 300 km) werden Ringgebirge bzw. Wallebenen genannt (*siehe auch:* Liste der Krater des Erdmondes).
- Das Südpol-Aitken-Becken ist mit 2.240 km Durchmesser der größte Krater auf dem Mond und nimmt einen beachtlichen Teil seines Durchmessers ein.
- Die nördliche Tiefebene auf dem Mars ist mit 8.000 x 10.000 km die größte bekannte Impaktstruktur des Sonnensystems.
- Hellas Planitia ist mit 2.100 × 1.600 km Durchmesser einer der größten Einschlagkrater auf dem Mars und ist über 8 km tief (*siehe auch:* Liste der Marskrater).
- Caloris Planitia ist mit etwa 1.340 km Durchmesser der größte Einschlagkrater auf dem Merkur (*siehe auch:* Liste der Merkurkrater).
- Die Valhalla-Impaktstruktur auf dem Jupitermond Kallisto hat 600 km Durchmesser und ist von konzentrisch verlaufenden Ringen bis in eine Entfernung von fast 3.000 km umgeben.
- Mead ist mit etwa 280 km Durchmesser der größte Einschlagkrater auf der Venus.
- Herschel ist mit etwa 130 km Durchmesser und bis 10 km Tiefe der größte Krater auf dem Saturnmond Mimas. Der Einschlag hätte den nur 400 km großen Mond fast zerstört.
- Der nur 13 × 30 km messende Kleinplanet (433) Eros trägt auf seiner Schmalseite einen 6 km großen Krater. Wieso Eros bei dem Aufschlag nicht zerbrach, ist noch unklar.

Siehe auch

- Rieskrater-Museum
- Durchschlagskraft von Meteoriten, Geschossen und anderen Impaktoren nach Newton

Literatur

- Erwin Rutte: *Land der neuen Steine - auf den Spuren einstiger Meteoriteneinschläge in Mittel- und Ostbayern.* Univ.Verl., Regensburg 2003, ISBN 3-930480-77-8
- Julius Kavasch: *Meteoritenkrater Ries - ein geologischer Führer.* Auer, Donauwörth 2005, ISBN 3-403-00663-8
- Christian Köberl, Francisca C. Martínez-Ruis: *Impact markers in the stratigraphic record.* Springer, Berlin 2003, ISBN 3-540-00630-3

- Christian Köberl, Wolf U. Reimold: *Meteorite Impact Structures - An Introduction to Impact Crater Studies.* Springer Berlin 2006, ISBN 3-540-23209-5
- C. Wylie Poag, (et al): *The Chesapeake Bay crater - geology and geophysics of a Late Eocene submarine impact structure.* Springer Berlin 2004, ISBN 3-540-40441-4
- Paul Hodge: *Meteorite craters and impact structures of the earth.* Cambridge Univ. Press, Cambridge 1994, ISBN 0-521-36092-7
- Kevin Evans: *The sedimentary record of meteorite impacts.* Geol. Soc. of America, Boulder 2008, ISBN 978-0-8137-2437-9
- O. Richard Norton, Lawrence A. Chitwood: *Field guide to meteors and meteorites.* Springer, London 2008, ISBN 978-1-84800-156-5
- Isidore Adler: *The analysis of extraterrestrial materials.* Wiley New York 1986, ISBN 0-471-87880-4
- Roald A. Tagle-Berdan: *Platingruppenelemente in Meteoriten und Gesteinen irdischer Impaktkrater - Identifizierung der Einschlagskörper.*Diss. Humboldt-Univ., Berlin 2004
- André J.Dunford: *Discovery and investigation of possible meteorite impact structures in North Africa - applications of remote sensing and numerical modeling.* Dipl. Arb., Univ. Wien, Wien 2008

Weblinks

- Mineralienatlas: Impakt – Geologie, Auswirkungen, bekannte Krater etc.
- Artikel über Impakte [5]
- Das Problem der „Sekundärkrater" [6]
- Datenbank des Geological Survey of Canada [7] The Earth Impact Database (englisch)
- Liste aller bekannten irdischen Einschlagkrater [8] (englisch)
- Onlineprogramm zur Berechnung der Auswirkungen von Einschlägen [9] (englisch)
- Informationen zu Ablauf und Auswirkungen von Meteoriteneinschlägen; 3-D-Simulationsprogramm [10]
- Impact Craters [11] The Lunar and Planetary Institute

Einzelnachweise

[1] Bevan M. French: Traces of Catastrophe - A Handbook of shock-metamorphic effects in terrestrial meteorite impact structures (http://www.lpi.usra.edu/publications/books/CB-954/CB-954.intro.html) Lunar and Planetary Inst., Houston 1998 pdf online, 19.7 MB (http://www.lpi.usra.edu/publications/books/CB-954/CB-954.pdf) lpi.usra.edu, abgerufen am 17. Februar 2011

[2] Christian Koeberl: *Mineralogical and geochemical aspects of impact craters.* Mineralogical Magazine; Oktober 2002; v. 66; no. 5; p. 745-768; DOI: 10.1180/0026461026650059 Abstract (http://minmag.geoscienceworld.org/cgi/content/abstract/66/5/745)

[3] Christian Koeberl: *Remote sensing studies of impact craters - how to be sure?* C. R. Geoscience 336 (2004) 959–961, pdf online (http://www.univie.ac.at/geochemistry/koeberl/publikation_list/249-Remote-sensing-impact-CR-Geosci2004.pdf) abgerufen am 17. Februar 2011

[4] Johannes Baier: Zur Herkunft und Bedeutung der Ries-Auswurfprodukte für den Impakt-Mechanismus. (http://www.ogv-online.de/Publikationen/Jahresberichte/2009/nf91-1.html) ogv-online.de, abgerufen am 14. April 2011

[5] http://web.archive.org/web/20061205031843/http://univie.ac.at/geochemistry/impa.html

[6] http://www.astro.uni-bonn.de/~dfischer/news/B40.html#B40

[7] http://www.unb.ca/passc/ImpactDatabase/index.html

[8] http://www.somerikko.net/impacts/database.php

[9] http://www.lpl.arizona.edu/impacteffects/

[10] http://www.geosim.org

[11] http://www.lpi.usra.edu/publications/slidesets/craters/crater_index.shtml

Regenwasser

Regenwasser ist Wasser aus Niederschlägen (Meteorwasser) in flüssiger Form, dem Regen. Regenwasser als Produkt des Regens stellt ein wesentliches Glied des Wasserkreislaufes der Erde dar.

Regenwasser auf einer Straße

Regenwasserabfluss

Die Versickerungsgeschwindigkeit von Wasser (und anderen Flüssigkeiten, bei Schnee während des Abtauens) im jeweiligen Untergrund wird mit der Infiltrationsrate bezeichnet und gemessen. Ihre Größe hängt von der bereits vorhandenen Sättigung des jeweiligen Bodens sowie von seiner chemischen, physikalischen, biologischen und mechanischen Beschaffenheit ab. Dabei hat in der Landwirtschaft die Methode der Bodenbearbeitung sowie die jeweilige Bepflanzung erheblichen Einfluss auf die Porosität des Untergrundes (Bodenkultur). Die Bearbeitung mit großen und damit schweren Maschinen fördert die Bodenverdichtung. Auch die Besiedlung durch Lebewesen spielt eine gewisse Rolle: Zahlreich vorkommende Regenwürmer lockern die Krume in erheblichem Maße auf. In Weinbergen fördert die Anlage von Querrillen die Rückhaltefähigkeit der mehr oder weniger geneigten Lagen. Je geringer die Aufnahmefähigkeit eines Bodens ist, umso schneller werden bei stärkeren Niederschlägen (Starkregen) Oberflächenabflüsse entstehen.

Regenwasserpumpwerk beim abpumpen eines vollen Regenwasserkanals

Nicht versickertes Wasser sammelt sich in Vertiefungen. Laufen diese über, fließt das Wasser oberirdisch weiter zum nächsten tiefer gelegenen Punkt. Je nach Temperatur, Sonneneinstrahlung und Windgeschwindigkeit verdunstet ein Teil des Wassers.

Bei befestigten bzw. versiegelten Flächen ist der Anteil der Versickerung klein (unter Umständen verdunstet bei geringem Niederschlag die Feuchtigkeit). Das meiste Wasser fließt mehr oder weniger vollständig oberirdisch ab. Bei der Entwässerung von Straßen außerhalb von Ortschaften wird das Regenwasser oft *über die Schulter* direkt seitlich in einen Straßengraben oder eine Versickerungsmulde geleitet. Wenn die Geländeverhältnisse oder die Verschmutzung des Regenwassers dies nicht zulassen, wird das Wasser über Regenrinnen und Straßeneinläufe in einen Regenwasserkanal geleitet.

Beim sogenannten Trennsystem wird innerhalb von Ortschaften das Regenwasser über Regenrinnen und Straßeneinläufe in einen Regenwasserkanal geleitet, während das Schmutzwasser getrennt davon in Schmutzwasserkanälen abgeleitet wird. In stark belasteten Bereichen wird auch das Regen- bzw. Oberflächenwasser wegen der hohen Verschmutzungsgrade (hochfrequentierte Straßen – DTV-Wert) entgegen der normalen Ableitung in einen Schmutzwasserkanal abgeführt.

Beim sogenannten Mischsystem wird das Regenwasser ebenfalls über Regenrinnen und Straßeneinläufe gesammelt, aber zusammen mit dem Schmutzwasser (*vermischt*) in einem Mischwasserkanal abgeleitet. Da die Spitzenabflüsse bei starkem Regen nicht in der Kläranlage behandelt werden können, werden an geeigneten Standorten Mischwasserentlastungen gebaut, an denen Mischwasser in der Größenordnung des zwei- oder dreifachen Schmutzwasserabflusses zur Kläranlage weitergeleitet und das restliche verdünnte Wasser in ein Gewässer *entlastet* wird. Meist ist diese Entlastung mit einer *Regenwasserbehandlung* kombiniert.

Hochwasser

Durch die zunehmende Flächenversiegelung kommt es bei heftigen Regenfällen immer wieder zu Überlastungen der Abwassersysteme und Überschwemmungen, da das niedergehende Wasser sofort abläuft und nicht im Boden versickern kann. In der Kanalisation oder zwischen Kanalisation und Gewässer werden Regenrückhalteanlagen errichtet, um eine Abflussvergleichmäßigung zum Vorfluter und eine Dämpfung der Abflussspitzen zu erzielen.

Verschmutzung von Regenwasser

Regenwasser nimmt in der Atmosphäre und beim Abfluss auf befestigten Flächen und im Regenwasserkanal oder Mischwasserkanal Schmutzstoffe unterschiedlicher Herkunft auf:

- atmosphärische Schmutz- und Schadstoffe
- an der Erdoberfläche aufgenommene Stoffe
- Abwasserinhaltsstoffe des Trockenwetterabflusses
- resuspendierte Stoffe aus Kanalablagerungen
- erodierte Sielhaut

In Mischkanalisationen treten eher höhere Konzentrationen an partikulären Schwebstoffen, organischen Inhaltsstoffe sowie Stickstoff- und Phosphorverbindungen als in Trennkanalisationen auf. Dort treten zum Teil hohe Konzentrationen an abfiltrierbaren Stoffen auf, die die Werte von Mischkanalisationen deutlich übersteigen können.

Die Konzentrationen sind in Abhängigkeit vom Einzugsgebiet, Regendauer, Regenmenge und anderer Faktoren sehr unterschiedlich. In der Größenordnung sind jedoch die Verschmutzungen von Regenwasser aus der Regenwasserkanalisation und von entlastetem Mischwasser gleich groß.

Regenwasserbehandlung

Für eine Minimierung von ökologischen Schädigungen der Gewässer, in die Regenwasser eingeleitet wird, werden Maßnahmen seiner Reinigung (Regenwasserbehandlung) vorgesehen und in Regenwasserkanalisationen Regenklärbecken gebaut. In Mischkanalisationen werden Regenüberlaufbecken eingerichtet.

Nutzung von Regenwasser

Die Nutzung von Regenwasser als Brauch- oder Betriebswasser, um Trinkwasser zu sparen, erfreut sich zunehmender Beliebtheit. Das Regenwasser wird dazu von Sammelflächen abgeleitet und in unter- oder oberirdischen Regenspeichern, z. B. in Zisternen gesammelt. Über Pumpen wird das Regenwasser von dort zu den einzelnen Zapfstellen transportiert. Ein 4-Personen-Haushalt kann z. B. ca. 70.000 Liter Trinkwasser pro Jahr durch die Regenwassernutzung sparen. Die tatsächliche Menge ist abhängig vom Standort (Regenspende) und der Größe der nutzbaren Dachfläche. In Deutschland kann Regenwasser für die Toilettenspülung, Waschmaschine und Gartenbewässerung genutzt werden. Auch in Industrie und Gewerbe gibt es zahlreiche Nutzungsmöglichkeiten.

Gesammeltes Regenwasser zur Gartenbewässerung

Allerdings sollte vor Anschaffung einer Regenwasserzisterne die Wirtschaftlichkeit überprüft werden, da eine Zisterne im Bezug von Frischwasser zwar vordergründig Kosten sparen kann, die Investitionen aber betriebswirtschaftlich gegengerechnet werden müssen. Eine Wirtschaftlichkeit ist fast nie gegeben. Dies gilt umso mehr, wenn ordnungsgemäß Gebühren für das Abwasser gezahlt und die Kosten für eine doppelte Installationsebene für das Grauwasser berücksichtigt werden.

Immer mehr Kommunen gehen mittlerweile dazu über, das Abwasser aus Regenwassernutzungsanlagen als "positiv beeinflusstes Abwasser" anzusehen, das so oder so in den Kanal eingeleitet worden wäre. Da dort für das Regenwasser dann keine Abwassergebühr zu zahlen ist, kann sich eine vernünftig dimensionierte Regenwasser-Nutzungsanlage im Laufe ihres langen Betriebes (Zisterne nahezu unbegrenzt, Filter/Rohre 50 Jahre und mehr, Pumpen über 20 Jahre) durchaus rechnen. Dies gilt vor allem, wenn es von der Gemeinde Zuschüsse gibt und die Zisterne gleich beim Hausbau berücksichtigt wird. Vielerorts ist dies heute auch Bestandteil der Bau-Vorschriften. Zudem steigen die Preise für Frisch- und Abwasser in manchen Kommunen seit Jahren stark an. Regenwassernutzung im Gewerbebereich ist fast immer wirtschaftlich, da der Regen-Ertrag durch die Größe der Dachflächen bestimmt wird und meist ein großer, gleichbleibender Wasserbedarf gegeben ist.

Die immer weitergegehende Verbreitung von Regenwasserzisternen kann die Hochwassergefahr in manchen versiegelten, kanalisierten Gebieten reduzieren, denn der plötzliche, extreme Anstieg kann bei kurzzeitigen Starkregen ausreichend zeitverzögert oder sogar ganz zurückgehalten werden (z.B. bei fast leeren Zisternen nach längeren Trockenperioden). Die Hochwassergefahr durch dafür typische Flüsse kann bei Dauerregen natürlich kaum reduziert werden.

Die Nutzung von Regenwasser in regenreichen Gebieten wie den DACH-Ländern bringt keine Vorteile für entfernt liegende Trockengebiete, da sich die Wasserbilanz in diesen Ländern deswegen nicht ändert. Die Nutzung von Regenwasser ist aber dennoch als Umweltschutzmaßnahme einzuordnen, da sich in der direkten Umgebung der Wasserverbrauch und die Grundwasser-Entnahme reduziert. Viele Großstädte beziehen ihren sehr hohen Wasserbedarf z.T. aus weit entfernten Gebirgen (Frankfurt/M z.B. aus dem über 50 km entfernten Vogelsberg).

Für Schiffbrüchige kann das Auffangen und die Nutzung von Regenwasser als Trinkwasser das Überleben ermöglichen (siehe entsprechende Selbstversuche von Alain Bombard und Hannes Lindemann).

Als Gießwasser für Pflanzen ist Regenwasser auf Grund seiner geringen Härte vorteilhafter als zum Beispiel Leitungswasser.

Abwassergebühr

Von versiegelten Flächen (Dächer, Parkplätze, Straßen) in die öffentliche Kanalisation ablaufendes und abgeführtes Regen- bzw. Oberflächenwasser wird bislang in der Regel nicht als Abwasser erfasst (nur als Zuschlag zur Gebühr für das Schmutzwasser). Seine Abführung wurde über die erhobenen kommunalen Abwassergebühren mitfinanziert. Diese wiederum berechneten sich nach dem Frischwasserverbrauch (Wahrscheinlichkeitsmaßstab). Nur wenn eine gesplittete Abwassergebühr für Wasser und Abwasser erhoben wird, wird die versiegelte Fläche als Maßstab berücksichtigt.

Regensickerbecken eines Industriebetriebes

Mittlerweile mehren sich bundesweit die Urteile zur notwendigen Berechnung der Wasser- und Abwassergebühren nach einer "gespaltenen" Gebühr.[1]

Eine Abwassergebühr für das Regenwasser muss wiederum nur dann bezahlt werden, wenn die versiegelten Flächen auch tatsächlich an die öffentliche Kanalisation angeschlossen sind. In den Bundesländern gibt es unterschiedliche Möglichkeiten, das Regenwasser auf dem Grundstück zu belassen. Teilweise kann das gesamte anfallende Regenwasser auf dem Grundstück verwertet oder versickert werden. Dann muss keine Regenwassergebühr bezahlt werden.

Siehe auch

- Bemessungsregen
- Regenwasserbewirtschaftung
- Grauwasser und Schwarzwasser (Abwasser)

Literatur

- fbr (Hrsg.): "Regenwassernutzung in öffentlichen und sozialen Einrichtungen". (Bd.14) Fachvereinigung Betriebs- und Regenwassernutzung e.V. Darmstadt 2011, ISBN 978-3-9811727-3-7
- fbr (Hrsg.): "Regenwasserbewirtschaftung - Synergien mit der Regenwassernutzung". (Bd. 13) Fachvereinigung Betriebs- und Regenwassernutzung e.V. Darmstadt 2009, ISBN 978-3-9811727-2-0
- Patrick Herzer: *Einflüsse einer naturnahen Regenwasserbewirtschaftung auf den Städtebau - räumliche, ökonomische und ökologische Aspekte.* Fraunhofer-IRB-Verl., Stuttgart 2004, ISBN 3-8167-6440-1
- Wolfgang F.Geiger (et al.): *Neue Wege für das Regenwasser - Handbuch zum Rückhalt und zur Versickerung von Regenwasser in Baugebieten.* Oldenbourg, München 2001, ISBN 3-486-26459-1
- Keith J. Beven: *Rainfall-runoff modelling - the primer.* Wiley, Chichester 2006, ISBN 978-0-471-98553-2

Weblinks

- Dimensionierung Regenwassertank interaktiv ermitteln [2]
- Dimensionierung von Zisternen [3]
- Vorteile der Regenwassernutzung [4]

Einzelnachweise

[1] VGH Mannheim, Urteil vom 11. Februar 2010 - 2 S 2938/08

[2] http://www.graf-online.de/regenwassertank-produktberater.html

[3] http://replay.waybackmachine.org/20090421080336/http://www.oeko-energie.de/lieferprogramm/regenwassernutzung/planungregenwasser/index.php

[4] http://www.intewa.de/unternehmen/themenfelder/regenwasser-nutzen/

Grundwasser

Grundwasser ist das Wasser, das unter der Erdoberfläche in Hohlräumen einen Wasserkörper bildet. Das Grundwasser und alle Faktoren, die auf das Grundwasser Einfluss haben, ist der Forschungsbereich der Hydrogeologie.

Gefasster Wasseraustritt aus einem ehemaligen Bergwerk, sogenanntes Grubenwasser

Grundlagen und Begriffsbestimmung

Grundwasser wird nach DIN 4049 definiert als

> *unterirdisches Wasser, das die Hohlräume der Erdrinde zusammenhängend ausfüllt und dessen Bewegung ausschließlich oder nahezu ausschließlich von der Schwerkraft und den durch die Bewegung selbst ausgelösten Reibungskräften bestimmt wird.*

Das Wasserhaushaltsgesetz bestimmt Grundwasser als

> *das unterirdische Wasser in der Sättigungszone, das in unmittelbarer Berührung mit dem Boden oder dem Untergrund steht.*

Die treibenden Kräfte für die Grundwasserströmung sind die Gravitationskraft und die durch sie hervorgerufenen Druckkräfte. Grundwasser bewegt sich (strömt, fließt) infolge Differenzen in der Piezometerhöhe (= hydraulisches Potential) durch die Hohlräume des Untergrunds. Nach dieser Definition zählt auch Stauwasser zum Grundwasser.

Nicht zum Grundwasser zählt das hygroskopisch, durch die Oberflächenspannung sowie durch Kapillareffekte gebundene unterirdische Wasser der ungesättigten Bodenzone (Bodenfeuchte, Haftwasser, s. auch Grenzflurabstand). Auch das sich vorwiegend vertikal bewegende Sickerwasser in der ungesättigten Bodenzone gehört nicht zum Grundwasser.

Die in der Definition genannten Hohlräume der Erdrinde sind je nach geologischer Beschaffenheit des Untergrunds: Poren (Klastische Sedimente und Sedimentgesteine wie z. B. Sand, Kies, Schluff), Klüfte (Festgesteine, wie z. B. Granit, Quarzit, Gneis, Sandsteine) oder durch Lösung entstandene große Hohlräume (z. B. Kalkstein). Dementsprechend unterscheidet man: Porengrundwasser (siehe auch: Porenwasser), Kluftgrundwasser und Karstgrundwasser.

Grundwasser nimmt teil am Wasserkreislauf. Die Verweilzeit reicht von unter einem Jahr bis hin zu vielen Millionen Jahren. Sehr alte Grundwässer werden auch als fossiles Wasser bezeichnet, z. B. die Vorkommen unter der Sahara.

Hydrogeologische Begriffe

Der Gesteinskörper, in dem sich das Grundwasser aufhält und fließt, wird als Grundwasserleiter (aus dem Lateinischen auch: Aquifer) bezeichnet. Er wird nach unten durch einen weiteren Gesteinskörper begrenzt, der wasserundurchlässig ist oder als wasserundurchlässig angesehen werden kann, dieser Grundwassernichtleiter wird auch als Aquiklud bezeichnet. Bei vertikaler Abfolge von mehreren Grundwasserleitern und Grundwassernichtleitern können mehrere übereinander liegende Grundwasserstockwerke (Horizonte) vorliegen.

Die obere Begrenzung des Grundwassers in einem Grundwasserleiter ist die Grundwasseroberfläche. In ihr ist bei einem ungespannten Grundwasserleiter der hydrostatische Druck definitionsgemäß gleich dem Luftdruck; praktischerweise wird der Luftdruck in der Hydromechanik oft gleich Null gesetzt; das hydraulische Druckpotential (engl. hydraulic head) ist an der freien Grundwasseroberfläche gleich der Summe aus ihrer geodätischen Höhe und dem Luftdruck (bzw. Null). Die in einer Grundwassermessstelle freiliegende Grundwasseroberfläche bezeichnet man als Standrohrspiegel. Der Abstand zwischen Geländeoberfläche und Grundwasseroberfläche wird mit Flurabstand oder *Grundwasserflurabstand* bezeichnet. Sofern die über dem Grundwasserleiter liegende geologische Einheit, die Grundwasserüberdeckung, eine wasserdurchlässige Schicht ist, herrschen ungespannte Verhältnisse vor. Ist die Grundwasserüberdeckung wasserundurchlässig, können gespannte Grundwasserverhältnisse vorliegen, was bedeutet, dass das hydraulische Potenzial höher liegt als die tatsächliche Grundwasseroberfläche (gespanntes, bei Überschreiten der Erdoberfläche artesisches Grundwasser - Artesische Quelle). Schichtenwasser ist durch wasserstauende Schichten oberhalb des Grundwassers am Versickern gehindertes, meist oberflächennahes, vom Hauptgrundwasserleiter unabhängiges Grundwasser. Befindet sich darunter eine nicht wassergesättigte Zone, spricht man von schwebendem Grundwasser.

Wie Oberflächengewässer folgt auch Grundwasser der Schwerkraft und fließt in Richtung des größten (piezometrischen) Gefälles. Für Grundwasserströmungsgebiete lässt sich dieses aus Karten ermitteln, auf denen Standrohrspiegelhöhen als Hydroisohypsen dargestellt sind (Grundwassergleichenplan). Das größte Gefälle und damit die Grundwasserströmungsrichtung bzw. die Grundwasserstromlinien liegen immer im rechten Winkel zu den Grundwassergleichen. Die einfachste Methode zur Erstellung eines Grundwassergleichenplans ist die Anwendung des Verfahrens des hydrologischen Dreiecks.

Im Vergleich zu Oberflächengewässern fließt Grundwasser zumeist mit sehr viel geringerer Geschwindigkeit. Man beachte auch den Unterschied zwischen Filtergeschwindigkeit und Abstandsgeschwindigkeit. In Kies (Korngrößen 2–63 mm) beträgt die Abstandsgeschwindigkeit 5–20 m/Tag (Maximalwerte liegen bei 70–100 m/Tag), in feinporigeren Sedimenten wie Sand (Korngrößen 0,063–2 mm) nur etwa 1 m/Tag.

Grundwasser fließt (exfiltriert, entlastet) in einen Vorfluter (Gerinne oder entwässernde Geländesenke) oder tritt in Quellen an der Erdoberfläche aus.

Der Begriff Wasserader (Radiästhesie) ist ein pseudo- oder parawissenschaftlicher Begriff und wird in der naturwissenschaftlichen, hydrologischen und hydrogeologischen Fachsprache nicht verwendet.

Zur Prognose oder Nachbildung von Grundwasserströmungen werden *mathematische Grundwassermodelle* eingesetzt, mit denen man Zuströmung, Entnahme, Absenkung und Neubildung von Grundwasser sehr gut und detailgenau darstellen kann. Auch Gefährdungen (Migration von Umweltschadstoffen) lassen sich damit frühzeitig erkennen, selbst historische Zustände kann man damit nachvollziehen, z.B. bei der Altlastenerkundungen. [1]

Grundwasserneubildung

Grundwasser entsteht dadurch, dass Niederschläge versickern oder Wasser im Sohl- und Uferbereich von Oberflächengewässern durch Filtration (Uferfiltrat) oder anderweitige Anreicherung in den Untergrund infiltriert.

Bei der lang andauernden Untergrundpassage wird das Grundwasser durch physikalische, chemische und mikrobiologische Prozesse verändert; es stellt sich ein chemisches und physikalisches Gleichgewicht zwischen der festen und flüssigen Phase des Bodens oder Gesteins ein. So entsteht beispielsweise durch Aufnahme von Kohlenstoffdioxid (aus der Atmung der Bodenorganismen) und seine Reaktion mit dem Calcit und Dolomit die Wasserhärte. Bei genügend langer Verweilzeit können pathogene Mikroorganismen (Bakterien, Viren) so weit eliminiert werden, dass sie keine Gefährdung mehr darstellen. Diese Prozesse sind aus wasserwirtschaftlicher Sicht überwiegend positiv für die Beschaffenheit des Grundwassers und werden daher summarisch auch als Selbstreinigung bezeichnet.

Allerdings kann es bei der Versickerung sehr saurer Wässer, beispielsweise aus Tagebau-Restseen, auch zur Auslösung erheblicher Mengen an Aluminium aus Kristallingestein kommen. Ferner können saure Grundwässer, speziell durch Pyritverwitterung versauerte Grundwässer, hohe Gehalte an Eisen(II)-Verbindungen aufweisen.

Gefahren für das Grundwasser und Grundwasserschutz

Das Grundwasser ist in der Wasserrahmenrichtlinie der EU als Schutzgut eingestuft. Gleichzeitig soll bis 2015 ein guter chemischer und physikalischer Zustand erreicht werden[2] . Aus diesem Grund wird das Grundwasser behördlich, mit Hilfe von Grundwassermessstellen überwacht.

Hinweisschild "Grundwasserschutzgebiet" in der Schweiz

Menschliche Aktivitäten können sich qualitativ und quantitativ negativ auf das Grundwasser auswirken.

In Deutschland sind mengenmäßige Engpässe durch übermäßige Grundwasserentnahme nur lokal von Bedeutung. In semiariden oder ariden Regionen mit geringer Grundwasserneubildung führt eine übermäßige Entnahme von Grundwasser zu einer großflächigen Absenkung der Grundwasseroberfläche und zu entsprechenden Umweltschäden. Bei grobem Verstoß gegen geltende Gesetze wird oftmals ein Strafverfahren gegen so genannte Umweltsünder eingeleitet.

Gefahren für die Grundwasserbeschaffenheit sind beispielsweise die Deposition und Bodenpassage von Luftschadstoffen, die übermäßige Ausbringung von Dünge- und Pflanzenschutzmitteln durch die Landwirtschaft oder hochkonzentrierte Schadstofffahnen aus Altlasten.

Der pflegende (kurative) und wiederherstellende (sanierende) Grundwasserschutz hat daher eine wichtige Bedeutung im Umweltschutz. Zum vorbeugenden Grundwasserschutz zählt die Ausweisung von Wasserschutzgebieten im Einzugsgebiet von Wasserwerken. Die Sanierung von Grundwasserschäden ist meist teuer und zeitaufwändig.

Gefahren durch das Grundwasser für den Menschen

Normalerweise geht von Grundwasser keine direkte Gefahr für den Menschen (wie z.B. bei Magma-Vorkommen) aus. Es kommt jedoch gelegentlich zu Überschwemmungen und Unterspülungen, durch austretendes Grundwasser.[3] Eine tödliche Gefahr stellt eintretendes Grundwasser beim Tunnelbau dar. Grundwasser kann Beton und die Stahlbewehrung angreifen. Deshalb muss grundsätzlich dort, wo Betonteile mit Wasser in Berührung kommen können, eine Grundwasserprobe entnommen werden, die gemäß DIN 4030 auf Betonaggressivität untersucht werden muss.

Ökosystem Grundwasser

Die Tiere des Grundwassers sind meist durchsichtig oder weiß und blind und ernähren sich beispielsweise von Bakterienfilmen auf den Bodenteilchen. In Europa gibt es über 2.000 Tierarten im Grundwasser, in Deutschland über 500 Arten.[4]

- Ruderfußkrebse
- Urringelwürmer
- Grundwasserassel
- Schnecken
- Höhlenflohkrebse
- Hüpferlinge
- Brunnenkrebse

Siehe auch

- Grundwasserleiter, Grundwasserabsenkung, Grundwasserspiegel, Grundwasserschutz
- Salzwasserintrusion

Einzelnachweise

[1] Christoph Schöpfer, Rainer Barchet, Horst W. Müller, Klaus Zipfel, *Moderne Technologien zur Erfassung und Nutzung von Grundwasserressourcen in einer urbanen Region*, gwf -Wasser/Abwasser 141 (2000) Heft 13, S.48-52, Oldenbourg Industrieverlag München

[2] *EU-Wasserrahmenrichtlinie* (http://europa.eu/legislation_summaries/environment/water_protection_management/l28002b_de.htm). europa.eu (24. März 2010). Abgerufen am 22. Juni 2011.

[3] Brigitte Schmiemann: *Wo Berlin im Grundwasser ertrinkt.* (http://www.webcitation.org/5zpKpm0vs) Pegelstände. In: *Berliner Morgenpost Online.* Axel Springer Verlag, 22. April 2009, archiviert vom Original (http://www.morgenpost.de/berlin/article1078067/Wo_Berlin_im_Grundwasser_ertrinkt.html) am 30. Juni 2011, abgerufen am 30. Juni 2011 (de).

[4] Martin Reiss: Lebensraum Grundwasser - Bericht zum DGL-Workshop 2002 (http://www.hydrogeographie.de/gw_leben.htm)

Literatur

- Robert Bowen: *Groundwater*, Elsevier Applied Science Publishers Ltd., New York (USA), 2. Auflage 1986, ISBN 0-85334-414-0
- H. M. Raghunath: *Groundwater*, 2. Auflage, Reprint 2003, New Age International Publishers, New Delhi (I), ISBN 0-85226-298-1
- M. Thangarajan: *Groundwater - resource evaluation, augmentation, contamination, restoration, modeling and management*, Springer, 2007, Dordrecht (NL), ISBN HB (Hardbook) 978-1-4020-5728-1, ISBN ebook 978-1-4020-5729-8
- G. Mattheß & K. Ubell: *Lehrbuch der Hydrogeologie, Band 1: Allgemeine Hydrogeologie, Grundwasserhaushalt.* 1983, Gebr. Borntraeger, Berlin/Stuttgart, ISBN 3-443-01005-9.
- Hölting, B. & Coldewey, W. G. (2005): *Hydrogeologie – Einführung in die Allgemeine und Angewandte Hydrogeologie.* – 6. Aufl., 326 S., 118 Abb., 69 Tab.; München (Elsevier), ISBN 3-8274-1526-8.
- Kinzelbach, W. & Rausch, R. (1995): *Grundwassermodellierung: Eine Einführung mit Übungen.*- 284 S., 223 Abb., 15 Tab., 2 Disketten; Berlin, Stuttgart (Borntraeger), ISBN 3-443-01032-6.
- Gudrun Preuß, Horst Kurt Schminke: *Grundwasser lebt!* Chemie in unserer Zeit 38(5), S. 340 - 347 (2004), ISSN 0009-2851 (http://dispatch.opac.d-nb.de/DB=1.1/CMD?ACT=SRCHA&IKT=8&TRM=0009-2851),ISBN 3-527-28527-X.
- R. Schleyer & H. Kerndorff: *Die Grundwasserqualität westdeutscher Trinkwasserressourcen.* 1992, VCH, Weinheim, ISBN 3-527-28527-X.
- Werner Aeschbach-Hertig: *Klimaarchiv im Grundwasser.* Physik in unserer Zeit 33(4), 160 - 166 (2002), ISSN 0031-9252 (http://dispatch.opac.d-nb.de/DB=1.1/CMD?ACT=SRCHA&IKT=8&TRM=0031-9252).
- Frank-Dieter Kopinke, Katrin Mackenzie, Robert Köhler, Anett Georgi, Holger Weiß, Ulf Roland: *Konzepte zur Grundwasserreinigung.* Chemie Ingenieur Technik 75(4), S. 329 - 339 (2003), ISSN 0009-286x (http://dispatch.opac.d-nb.de/DB=1.1/CMD?ACT=SRCHA&IKT=8&TRM=0009-286x)
- Robert A. Bisson, Jay H. Lehr: *Modern groundwater exploration.* Wiley, Hoboken 2004, ISBN 0-471-06460-2

Weblinks

- WHYMAP - World-wide Hydrogeological Mapping and Assessment Programme: Grundwasserweltkarte (http://www.bgr.de/app/fishy/whymap/)
- Broschüre Grundwasser in Berlin (Gesamtausgabe), Senatsverwaltung Bereich Umwelt (37,5 MB) (http://www.berlin.de/sen/umwelt/wasser/hydrogeo/de/broschuere/grundwasser-broschuere.pdf) (PDF-Datei)
- "Wie entsteht Grundwasser?" - Schüler- und Lehrerangebot des Bayerischen Landesamtes für Umwelt (http://wasserforscher.de/schueler/der_wasserkreislauf/wie_entsteht_grundwasser/index.htm)
- BR-online: Ökosystem Grundwasser – Leben ohne Licht und Luft (podcast) (http://www.br-online.de/bayern2/iq-wissenschaft-und-forschung/iq-grundwasser-trinkwasser-ID1315829863493.xml)

rue:Підземна вода

Verdunstung

Bei einer **Verdunstung** geht ein Stoff vom flüssigen in den gasförmigen Zustand über, ohne dabei zu sieden.

Vereinfachte Beschreibung

Bringt man eine Flüssigkeit in ein evakuiertes Gefäß, so verdampft sie, bis sich ein Gleichgewicht zwischen Flüssigkeit und Dampfphase eingestellt hat. Der Druck, der dann in dem Gefäß herrscht, ist der Dampfdruck der Flüssigkeit. Öffnet man nun das Gefäß, so wird die Atmosphäre im Gefäß ausgetauscht. Dies stört das Gleichgewicht zwischen Dampfphase und Flüssigkeit, so dass weitere Flüssigkeit verdampft. Dieser Prozess heißt Verdunsten.

Einordnung des Phänomens in die Thermodynamik

Die Verdunstung selbst stellt eine Phasenumwandlung dar und leitet sich deshalb auch aus den Gesetzen der Thermodynamik ab, ohne die man diesen Prozess nicht verstehen kann. Entsprechend der Maxwell-Boltzmann-Verteilung weisen die Teilchen eines Gases, aber auch in ähnlicher Form die Teilchen einer Flüssigkeit, eine Geschwindigkeitsverteilung auf. Es existieren daher bei beiden immer zugleich langsame und schnellere Teilchen, wobei diese über eine spezifische kinetische Energie verfügen und der Anteil sowie die Geschwindigkeit der schnelleren Teilchen mit steigender Temperatur zunehmen. Da schnelle Teilchen mit einer ausreichend hohen kinetischen Energie hierbei in der Lage sind, die Anziehungskräfte zu überwinden, die durch ihre Nachbarteilchen auf sie wirken, wechseln immer einige von ihnen von der flüssigen in die gasförmige Phase. Es treten jedoch auch immer verlangsamte Teilchen der gasförmigen Phase in die flüssige Phase zurück, weshalb sich mit der Zeit, ohne eine Beeinflussung von außen und ohne dass eine der Phasen aufgebraucht wird, ein dynamisches Gleichgewicht einstellt. In der Erdatmosphäre wird ein solches Gleichgewicht jedoch nicht immer erreicht, und falls es so gestört ist, dass mehr Teilchen aus der flüssigen Phase austreten als in sie eintreten, spricht man von einer Verdunstung. Die Verdunstung kann auch zum vollständigen Verschwinden der flüssigen Phase führen, was man als Austrocknung bezeichnet.

Die flüssige Phase kühlt sich beim Verdunstungsprozess ab und führt so zur so genannten Verdunstungskühlung, wobei der Umgebung die Verdunstungswärme in Form von Latenter Wärme zugeführt wird.

Verdunsten vs. Sieden

Im thermodynamischen Gleichgewicht entspricht der Partialdruck dem Sättigungsdampfdruck der Gasphase der verdunstenden Substanz. Verdunstung tritt also dann auf, wenn der Sättigungsdampfdruck größer ist als der Partialdruck. Dieser Prozess läuft jedoch langsam ab, da die flüssige Phase in sich stabil ist, solange der Dampfdruck unterhalb des Gesamtdruckes liegt. Entspricht der Dampfdruck jedoch dem Gesamtdruck oder übersteigt diesen, so ist der Siedepunkt erreicht und es siedet die Substanz. Verdunstung ist also nur möglich, wenn noch ein stofffremdes Gas vorhanden ist – in der Regel Luft – das den Restdruck zur Verfügung stellt. Der umgekehrte Prozess – die Kondensation – findet statt, wenn der Dampfdruck unter dem Partialdruck liegt.

Wasserverdunstung

Wasser verdunstet schon bei Raumtemperatur, sofern die Luft nicht mit Wasserdampf gesättigt ist, was dem oben beschriebenen dynamischen Gleichgewicht entsprechen würde. Da dieses bei nahezu allen anderen Stoffen nicht der Fall ist und Wasser in der Erdatmosphäre eine herausragende Rolle spielt, wird von einer Verdunstung meistens nur in Zusammenhang mit Wasser gesprochen. Auf dem Prinzip der Wasserverdunstung beruht beispielsweise das Freilufttrocknen von Wäsche oder das Verschwinden von Wasserpfützen. Der Effekt der Verdunstungskühlung durch Wasser ist die Grundlage für den Effekt der Thermoregulation durch Schwitzen, indem der Haut die Verdunstungswärme entzogen und diese dadurch abgekühlt wird.

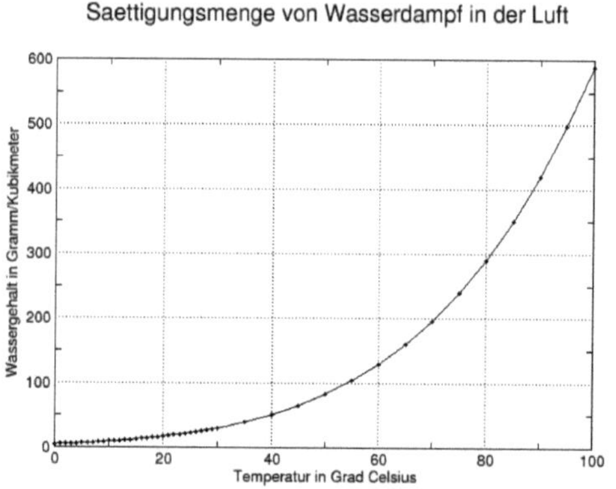

Die Sättigungsmenge von Wasserdampf in Luft in Funktion der Temperatur.

In der Ökologie, Meteorologie und Klimatologie wird zwischen Transpiration (Schwitzen + Blattverdunstung) und Evaporation (Verdunstung von Wasser auf unbewachsenem/freiem Land oder Wasserflächen bezeichnet) als Formen der Verdunstung unterschieden, wobei man beide auch zur Evapotranspiration zusammenfasst.

Die Aufnahme von Wasser in die Erdatmosphäre durch Verdunstung spielt sich dabei auf der Erdoberfläche, also beispielsweise Wasserflächen, Böden und Pflanzen ab. Abhängig ist die Verdunstung hauptsächlich von folgenden Faktoren:

- Lufttemperatur
- Luftfeuchtigkeit
- Sonneneinstrahlung (Jahreszeit)
- Windstärke bzw. bedingt auch Windrichtung
- Oberflächenbeschaffenheit (Bodentyp usw.) und Vegetation
- Wassergehalt des Bodens bzw. Niederschlagsmenge

Durch die vielfältigen Parameter, von denen die Verdunstung abhängig ist, wird deren Bestimmung sehr schwierig und aufwändig. Meistens wird die Verdunstung deshalb nicht gemessen, sondern unter Zuhilfenahme mathematischer Modelle lediglich mit einer Näherung geschätzt. Die resultierende Verdunstung pro Zeiteinheit, also sozusagen die Verdunstungsgeschwindigkeit, bezeichnet man als **Verdunstungsrate**.

Man unterscheidet die **potentielle Verdunstung**, welche die aufgrund der meteorologischen Bedingungen prinzipiell mögliche Verdunstungsrate darstellt, von der **tatsächlichen Verdunstung**, die den real vorhandenen Wassergehalt, beispielsweise des Bodens, mit einbezieht. Dabei ist die potentielle Verdunstung immer größer oder gleich der tatsächlichen Verdunstung. Bei Trockenheit, also vor allem in ariden Klimazonen, können sich beide Werte stark unterscheiden.

Berechnung und Messung

Die Verdunstung lässt sich nur mit hohem Aufwand messen, meistens durch Evaporimeter oder Lysimeter. Gemessen wird dabei die so genannte *Grasreferenzverdunstung*, die aufgrund der eher theoretischen Definition der potenziellen Verdunstung als dessen messtechnisches Synonym genutzt wird. Wesentlich stärker verbreitet sind hingegen eine große Zahl unterschiedlicher Näherungsformeln, die angepasst an verschiedene Einflussfaktoren zur Berechnung der Verdunstung dienen können. Deren Fehler richtet sich vor allem nach den jeweils zur Verfügung stehenden Daten, was insbesondere in Bezug auf Einflussfaktoren wie Nutzung, Bewuchs, Wurzeltiefe und hydrologische Bodeneigenschaften problematisch ist. Näherungsformeln auf Basis meteorologischer Standardmessgrößen erreichen jedoch im Allgemeinen nur eine sehr beschränkte Genauigkeit.

Beispiele zur technischen Nutzung der Verdunstung

Die offene Verdunstung ist auf Grund der Nutzung von Umwelt- und Sonnenenergie ein recht energiesparsamer Prozess. Darum wird er auch großtechnisch genutzt, wo die Produktstabilität es zulässt. Bei der Lithiumgewinnung wird die Sole vor dem Transport in der Salar de Atacama, Chile, oder in Silver Peak, USA, in riesigen Solarteichen durch Verdunstung teilweise um den Faktor 40 aufkonzentriert. Hierbei kann die Durchlaufzeit durch mehr als 10 Solarteiche bis zu zwei Jahre betragen. Ein weiteres Beispiel ist die Gewinnung von Meersalz aus Meerwasser. In Dampier, Australien, werden hierzu Salzgärten auf einer Fläche von mehr als 9000 ha betrieben. Zwar kann die Verdunstung in Solarteichen in Deutschland wegen der hohen Niederschläge und der relativ geringen Sonneneinstrahlung nicht genutzt werden. Aber auch hier wird die Verdunstung zur Salzgewinnung in Gradierwerken genutzt.

Eine weitere technische Anwendung der Verdunstung ist die solare Klärschlammtrocknung. Der in der Abwasserreinigung anfallende und vorentwässerte Klärschlamm wird dazu in Trocknungshallen mit transparenter Gebäudehülle (Folie-, Polycarbonat- oder Glaseindeckung) großflächig aufgebracht. Die einstrahlende Sonne erwärmt den lagernden Klärschlamm, wodurch der Dampfdruck im Klärschlamm gegenüber der darüberstehenden Luft erhöht wird und Wasser aus dem Klärschlamm verdunstet. Die feuchte Luft wird über eine computergesteuerte Lüftungstechnik aus der Trocknungshalle abgeführt. So wird aus dem Abfall Klärschlamm nachwachsender Sekundärbrennstoff [1] mit einem Heizwert von 8–11 MJ/kg TS [2] (entspricht ca. 2-3 kWh/kg TS; Umrechnung: 1 MJ = 0,2778kWh) hergestellt, der in Kohlekraft- und Zementwerken fossile Energieträger ersetzt. Die größte solare Klärschlammtrocknungsanlage mit 7.200 m² Trocknungsfläche wird zurzeit in Nicaragua nach dem Wendewolf - Verfahren [3] [4] betrieben.[5] [6]

Den für den Verdunstungsprozess notwendigen Energieaufwand machten sich die Menschen schon in der Antike zunutze, um Getränke und andere Lebensmittel zu kühlen. Diese wurden in porösen Tongefäßen aufbewahrt und durch die Verdunstung eines kleinen Teils der Flüssigkeit durch die Gefäßwand hindurch konnte der verbleibende größere Rest relativ kühl gehalten werden. Auch mit Filz oder Leder überzogene Feldflaschen nutzen diesen Kühleffekt, wozu sie angefeuchtet werden müssen.

Weitere Anwendungsbeispiele sind die Messung der Luftfeuchtigkeit mithilfe eines Psychrometers.

Siehe auch

- Verdampfung

Weblinks

- Hydrologie der TU Braunschweig - Verdunstung [7]
- Unterrichtsmaterial [8] (LEIFI)

Einzelnachweise

[1] Stefan Lechtenböhmer, Sabine Nanning, Bernhard Hillebrand, Hans-Georg Buttermann: *Einsatz von Sekundärbrennstoffen.* Umsetzung des Inventarplanes und nationale unabhängige Überprüfung der Emissionsinventare für Treibhausgase, Teilvorhaben 02. In: Bundesministerium für Umwelt, Naturschutz und Reaktorsicherheit (Hrsg.): *{{{Sammelwerk}}}.* Wuppertal 2007, ISSN 1862-4804 (http://dispatch.opac.d-nb.de/DB=1.1/CMD?ACT=SRCHA&IKT=8&TRM=1862-4804) (http://opus.kobv.de/zlb/volltexte/2007/1090/pdf/Einsatz.pdf, abgerufen am 29. April 2011).
[2] Beispiele von Heizwerten (Trockensubstanz) (http://www.abfallwirtschaft.steiermark.at/cms/beitrag/10009935/4336040).
[3] Verfahrensinfo (http://www.baufachinformation.de/zeitschriftenartikel.jsp?z=2005089002959).
[4] Solare Klärschlammtrockung in Managua (http://www.fwt.fichtner.de/images/08_downloads/solarsludgedrying_managua.pdf).
[5] Lucien F. Trueb: Die chemischen Elemente, Leipzig 1996.
[6] Meyers Konversationslexikon, Leipzig und Wien 1888-1890, Lemma Abdampfen.
[7] http://www.hydroskript.de/html/_index.html?page=/html/hykp0505.html
[8] http://www.leifiphysik.de/web_ph09/umwelt_technik/07verdunstung/verdunstung.htm

Erosion_(Geologie)

Als **Erosion** (von lat. *erodere* = abnagen) bezeichnet man die Zerstörung der Formen der Erdoberfläche durch linienhafte oder flächenhafte Abtragung. Die linienhafte Vertiefung der Erdoberfläche geschieht durch Fließgewässer oder Gletscher. Wind, Meeresbrandung und auch Niederschläge erzeugen flächenhafte Erosionserscheinungen. Die großflächige Abtragung und Einebnung ganzer Landoberflächen wird als Denudation bezeichnet.

Ausspülungen am Antelope Canyon

Formen der Erosion

Nach erzeugender Kraft unterscheidet man:

Flusserosion/fluviatile Erosion

Flusserosion/fluviatile Erosion, eine lineare Erosionsform, ist die einschneidende Tätigkeit von Fließgewässern (Bäche, Flüsse); das Ausmaß ihrer Wirkung ist abhängig von:

- Wassermenge des Fließgewässers
- Wasserturbulenz und mitgeführtem Material
- Geländemorphologie (Gefälle)
- Gesteinsart im Untergrund

Der durch Verwitterung chemisch und physikalisch zerkleinerte Untergrund (Gestein, Boden) wird weggeschwemmt , was im Laufe von Jahrtausenden zur Bildung von Tälern (Tal) führt.

Die damit einhergehende Vertiefung des Flussbettes wird als *Tiefenerosion*, seine Verbreiterung nach der Seite als *Seitenerosion* bezeichnet. Die Seitenerosion kann auch zur Mäanderbildung führen.

Erosion durch Wasserwirbel

Da das Gefälle von Flüssen in Richtung Mündung abnimmt, wird auch ihre Fähigkeit zum Materialtransport immer geringer. Werden anfangs noch Kiesel und Sand mitgeführt, sind es im Mündungsbereich oft nur noch Schwebeteilchen. Alles Material, für das die Transportkraft nicht mehr ausreicht, wird abgelagert (Sedimentation). Die Erosionsbasis ist das Höhenniveau, unterhalb dessen keine Erosionskräfte mehr wirken können, in der Regel ist dies der Meeresspiegel. Im Flusslauf liegende Ebenen und Seen können jedoch lokale Erosionsbasen mit erhöhter Sedimentationsrate darstellen.

Durch die Materialabführung schneidet sich der Fluss beständig weiter in Richtung zu seiner Quelle hin in den Untergrund ein. Dieser Vorgang heißt *rückschreitende Erosion* und kann in besonderen Fällen zur Flussanzapfung führen.

Abtragung an der Westküste der Insel Poel

Über längere geologische Zeiträume hinweg kann es in einem Gebiet zu mehrfachem Wechsel zwischen Erosions- und Sedimentationserscheinungen kommen, meist verursacht durch tektonische Hebungs- und Senkungsvorgänge der Erdkruste und deren Auswirkung auf das Flussgefälle. Diese Wechsel aus Sedimentations- und Erosionsphasen zeigen sich im verbleibenden Sedimentgestein als typische Strukturen, den Erosionsdiskordanzen (Diskordanz).

Gletschererosion/glaziale Erosion

In Gebieten mit entsprechend kaltem Klima (Hochgebirge, Polargebiete) bilden sich Gletscher. Diese bewegen sich ebenso talwärts wie das Wasser der Flüsse, jedoch nur mit einigen Metern im Jahr, was aber zu ebenso deutlichen Erosionserscheinungen führt. Im Unterschied zu den meist V-förmigen Flusstälern (Kerbtäler) erzeugen die Gletscher U-förmige Talquerschnitte (Trogtäler), deren typische Form auch nach dem Abschmelzen noch auf ihre glaziale Entstehung schließen lässt.

Gletschererosion ist ebenfalls primär linear.

Typische Erosionserscheinung von Sedimentschichten unterschiedlicher Härte an der Soiernspitze im deutschen Teil der Alpen

Abrasion/marine Erosion

→ *Hauptartikel: Küstenerosion*

Die Brandungswellen des Meeres erodieren das Gestein der Küstenregion. Diese Erosionsform greift das Festland auf breiter Front an und führt zu Brandungshohlkehlen sowie kleineren und größeren Hohlräumen im Gestein, die mit der Zeit einstürzen. Im Küstenverlauf entsteht eine Steilwand, das Kliff, auf Meeresniveau eine immer breiter werdende Fläche, die Abrasionsplatte (auch: Schorre).

Makhtesh Ramon, Israel

Abrasion ist linear bis flächig.

Winderosion/Äolische Erosion

Wind wirkt vor allem dann erosiv, wenn er viel Material (Staub, Sand) mit sich führt (Äolischer Transport), das dann ähnlich einem Sandstrahlgebläse am anstehenden Gestein des Untergrundes nagt (z. B. Pilzfelsen). Dies tritt bevorzugt in ariden Gebieten (Wüste) bei geringer Vegetation und starker physikalischer Verwitterung auf. Winderosion wird auch als Deflation bezeichnet.

Winderosion ist vollflächig.

Bodenerosion

→ Hauptartikel: Bodenerosion

Die Bodenerosion vermindert die Bodendecke durch Wind und Wasser, in seinem Umfang abhängig von Bodenart, Geländerelief, Klima und Pflanzendecke. Von besonderem Interesse ist hier die Regenerosion.

> Die Wirkung der Bodenerosion wird durch menschliche Einflüsse verstärkt. Mögliche Faktoren sind die Waldrodung, die Verringerung der bodenbindenden Vegetationsdecke, wie zum Beispiel durch die Flurbereinigung, die Veränderung der Grundwassergegebenheiten und die Versiegelung des Oberbodens. In Hanglagen kann es in Folge zu Erdrutschen kommen, in Ebenen verringert sich die Dicke der fruchtbaren Humusschicht. Fortschreitende Erosion führt zur Versteppung und Desertifikation.

Bodenerosion ist vollflächig.

Unterbegriffe, Kleinformen der Erosion

- Abspülung, auch Denudation, ist flächenhafte Erosion durch Regenwasser.
- Piping (Röhrenbildung) ist eine Form der inneren Erosion, bei der röhrenartige Kanäle entstehen.
- Efforation ist Erosion unter hohem Wasserdruck.
- Weltraum-Erosion: Oberflächenzerstörung durch Meteoriteneinschläge, Sonnenwind und kosmische Strahlung – spielt auf der Erde durch die dämpfende Wirkung der Atmosphäre und des Magnetfelds eine geringere Rolle, und ist in der astronomischen Geologie von Bedeutung

Siehe auch

Auswaschung, Ablation (Meteorologie), Korrasion, Monokultur, Bewässerung, Dürre, Düne, Hecke, Permakultur, Vetiver, Deich, Gumpe

Einzelnachweise

Literatur

- Roland Brinkmann: *Allgemeine Geologie.* 14. Auflage. Enke, Stuttgart 1990, ISBN 3-432-80594-2 (*Abriss der Geologie.* Band 1).
- H.-R. Bork, H. Bork, C. Dalschow: *Landschaftsentwicklung in Mitteleuropa.* Klett-Perthes, Gotha 1998, ISBN 3-623-00849-4.
- Gerold Richter (Hrsg.): *Bodenerosion. Analyse und Bilanz eines Umweltproblems.* Wissenschaftliche Buchgesellschaft, Darmstadt 2001, ISBN 3-534-12574-6

Wasserkreislauf

Unter dem Begriff **Wasserkreislauf** versteht man den Transport und die Speicherung von Wasser auf globaler wie regionaler Ebene. Hierbei wechselt das Wasser mehrmals seinen Aggregatzustand und durchläuft die einzelnen Sphären wie Hydrosphäre, Lithosphäre, Biosphäre und Atmosphäre der Erde. Die Zirkulation des Wassers vollzieht sich in der Regel zwischen Meer und Festland. Im Wasserkreislauf geht kein Wasser verloren, es ändert nur seinen Zustand. Diese Zustände werden durch die Wasserhaushaltsgrößen vertreten und folglich im Wasserhaushalt bilanziert.

Allgemeines Schema eines Wasserkreislaufes

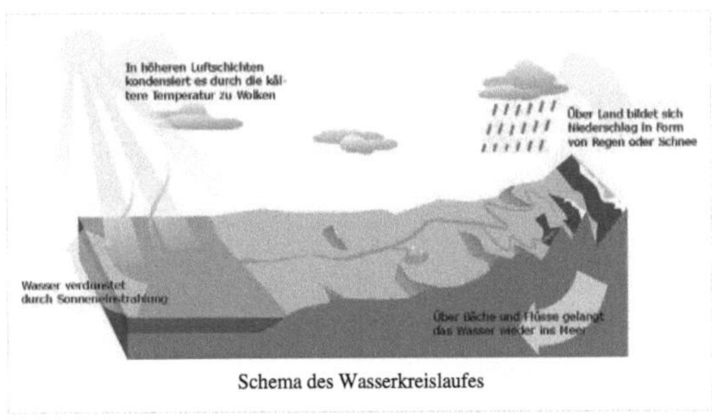

Schema des Wasserkreislaufes

Die Ozeane sind die größten Wasserspeicher der Erde, sie bedecken den größten Teil der Erdoberfläche. Sonnenenergie erwärmt das Wasser. Durch Verdunstung, vor allem an der Meeresoberfläche, in geringerem Umfang auch auf dem Festland, entsteht Luftfeuchtigkeit. Weil dieser Wasserdampf leichter ist als Luft, steigt er nach oben in die Atmosphäre. Dort ist es kälter als auf der Erde, deshalb kühlt der Wasserdampf ab und kondensiert. Dabei entstehen Wolken. Der Wind transportiert die feuchte Luft zum Festland. Wenn die feuchte Luft auf kalte Luftschichten trifft, so schiebt sie sich darüber und steigt auf (Warmfront), ebenso wenn sie auf Bergflanken trifft (Konvektion). Wenn die Luft aufsteigt, kühlt sie sich ab. Kalte Luft kann aber weniger Feuchtigkeit aufnehmen als warme. Wenn die Wolken also bereits mit kondensiertem Wasser gesättigt sind, kommt es zu Niederschlägen, und das Wasser fällt in Form von Regen, Schnee oder Hagel zur Erde zurück. Die Form des Niederschlags hängt von der Temperatur ab. Wenn die Niederschläge direkt in die Gewässer fallen, schließt sich der Kreislauf und kann wieder von vorn beginnen. Fällt das Wasser auf die Erde, versickert es ins Grundwasser. Über den Grundwasserfluss oder über Quellen und Flüsse fließt es dann in die Ozeane ab. Auch Schmelzwasser von Gletschern und Schnee und oberflächlich abgeführtes Regenwasser wird über Flüsse in die Ozeane transportiert. In den Polargebieten und in Hochgebirgen wird ein Teil der Niederschläge in fester Form als Eis gespeichert, wo es über Schmelzwasser wieder in die Ozeane gelangt.

Grundgleichung des Wasserkreislaufs

Stark vereinfacht lässt sich der Wasserkreislauf mit folgender Grundgleichung beschreiben:

Der Eintrag durch Niederschläge N resultiert in Abfluss A und Verdunstung V. Die hier genutzte Darstellung ist jedoch nur ein vereinfachtes Beispiel einer Wasserhaushaltsgleichung.

Wasser auf anderen Himmelskörpern

Nach Meinung einiger Wissenschaftler findet sich Wasser mit hoher Wahrscheinlichkeit auch auf anderen Himmelskörpern des Sonnensystems wie dem Mars.

Der Kreislauf des Wassers wird allgemein als Voraussetzung für das Leben angesehen.

Geschichte

Im Laufe der Menschheitsgeschichte wurde der Kreislaufcharakter des Wassers schon früh erkannt oder zumindest erahnt. Das damit in Zusammenhang stehende Prinzip lautet *„panta rhei" - alles fließt.* Auch in der Bibel wird schon mehrmals auf den Wasserkreislauf Bezug genommen bzw. extreme Niederschläge in der Sintflut beschrieben.

Verschiedene Theorien zum Wasserkreislauf und dessen Antrieb:

- meteorogener Wasserkreislauf: Theorie zum Wasserkreislauf nach heutigem Verständnis, welche wahrscheinlich von Xenophanes begründet wurde und unter anderem Diogenes und Hippokrates als frühe Vertreter besitzt.
- Theorie des Salzwasseraufstiegs: Umkehrung der Strömungsrichtung des meteorogenen Wasserkreislaufes, nachdem die Erde auf dem Wasser der Meere ruht und dieses alle oberirdischen Quellen speist. Diese Theorie wurde von Thales begründet und hatte Hippon und Platon als frühe Vertreter.
- Theorie der Wasserentstehung aus der Luft: Das Wasser entsteht aus der Luft (Effekt der Kondensation) und würde über den Niederschlag die Quellen der Flüsse speisen. Diese Theorie wurde von Aristoteles entwickelt und stellte die maßgebende Lehrmeinung bis in das frühe 17. Jahrhundert dar.

Weblinks

- Diagramm des Wasserkreislaufs-United States Geological Survey Water Site [1]
- Animation "Der Wasserkreislauf" - Schüler- und Lehrerangebot des Bayerischen Landesamtes für Umwelt [2]

ltg:Iudiņa cyklys

References

[1] http://ga.water.usgs.gov/edu/watercyclegermanhi.html

[2] http://wasserforscher.de/schueler/der_wasserkreislauf/wasser_im_ewigen_kreislauf/index.htm

Pflanzen

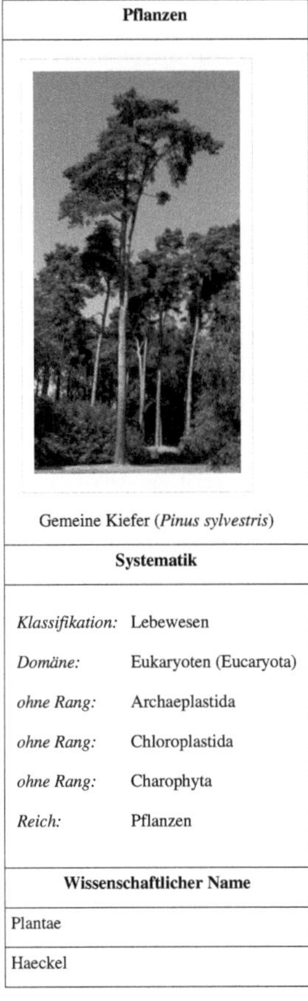

Pflanzen	
Gemeine Kiefer (*Pinus sylvestris*)	
Systematik	
Klassifikation:	Lebewesen
Domäne:	Eukaryoten (Eucaryota)
ohne Rang:	Archaeplastida
ohne Rang:	Chloroplastida
ohne Rang:	Charophyta
Reich:	Pflanzen
Wissenschaftlicher Name	
Plantae	
Haeckel	

Die **Pflanzen** (Plantae) bilden ein eigenes Reich innerhalb der Domäne der Lebewesen mit Zellkern und Zellmembran (Eukaryoten). Nach heutigen Schätzungen existieren auf der Erde zwischen rund 320.000 und 500.000 Pflanzenarten. Die International Union for Conservation of Nature (IUCN) geht von 380.000 Pflanzenarten aus, von denen rund ein Fünftel vom Aussterben bedroht sind.[1] [2] [3] Das Teilgebiet der Biologie, das sich wissenschaftlich mit der Erforschung der Pflanzen befasst, ist die Disziplin der Botanik.

Historisch hat sich die Definition des Begriffs Pflanze gewandelt. In der hier verwendeten Systematik nach Adl et al.[4] sind die Pflanzen mit den **Landpflanzen** (Embryophyta) gleichgesetzt. Zu den Pflanzen zählen die Moose und die Gefäßpflanzen.

Merkmale

Die Pflanzen zeichnen sich durch einen Generationswechsel aus, bei dem sich eine haploide sexuelle und eine diploide vegetative Generation abwechseln (heterophasischer Generationswechsel). Bei den rezenten Pflanzen sind die beiden Generationen jeweils unterschiedlich gestaltet (heteromorpher Generationswechsel). Bei den Moosen dominiert der haploide Gametophyt, während bei den Gefäßpflanzen der diploide Sporophyt dominiert.[4]

Die sexuelle Generation, die Gametophyten, bildet spezielle, mehrzellige Sexualorgane aus, die von mehreren sterilen Zellen umgeben sind. Die männlichen Organe sind die Antheridien und die weiblichen die Archegonien. Die Eizellen verbleiben in den Archegonien und werden hier befruchtet. Bei den Bedecktsamern sind die Gametophyten und damit auch die Antheridien und Archegonien extrem reduziert.[5]

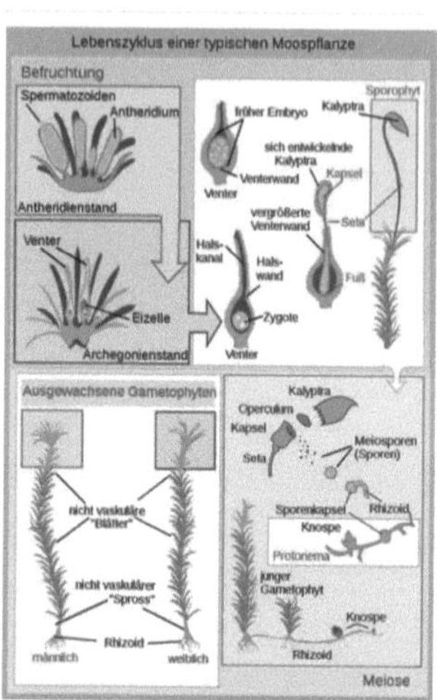

Der Generationswechsel der Laubmoose als Beispiel für den Wechsel zwischen haploider Gametophyten-Generation und diploider Sporophyten-Generation bei den Pflanzen

Der Sporophyt wird zunächst als mehrzelliger Embryo angelegt, der an der Mutterpflanze verbleibt und von dieser ernährt wird. Häufig stellt er ein Ruhestadium dar. Der Sporophyt ist stets vielzellig.

Die Pflanzen sind wie alle Vertreter der Chloroplastida, zu denen sie gehören, fast ausschließlich photoautotroph: Das heißt, sie stellen die zum Wachsen und Leben notwendigen organischen Stoffe mit Hilfe des Sonnenlichts durch Photosynthese selbst her (Phototrophie). Dabei nutzen sie als Kohlenstoffquelle ausschließlich Kohlendioxid (Autotrophie). Nicht autotrophe Vertreter sind stets abgeleitete Formen. Dies sind einige mykotrophe Pflanzen, die heterotroph von Pilzen leben (z. B. einige Orchideen, Corsiaceae, Burmanniaceae), die im Laufe der Evolution ihr Chlorophyll (Blattgrün) verloren haben, und einige heterotrophe Vollschmarotzer auf anderen Pflanzen (z. B. Rafflesiaceae, einige Orobanchaceae und Convolvulaceae).

Die Basalkörper der Geißeln besitzen eine eigentümliche viellagige Struktur aus Mikrotubuli sowie eine Verankerung im Cytoskelett. Die Mitose ist offen, während der Zellteilung wird ein Phragmoplast gebildet. Pyrenoide fehlen meist.[4]

Weitere Merkmale, die auch viele andere Vertreter der übergeordneten Taxa Charophyta oder Chloroplastida besitzen, sind Chloroplasten mit Chlorophyll a und b als Photosynthesepigmente und Carotinoide als akzessorische Pigmente, Stärke als Reservepolysaccharid und Zellwände aus Zellulose.[4] Die Sporenwand enthält Sporopollenin, die Sporophyten bilden eine Cuticula.[6]

Darüber hinaus sind Pflanzen in der Lage miteinander aber im Wurzelbereich auch mit Pilzen, Bakterien und anderen Mikroorganismen zu kommunizieren. Die Kommunikationsprozesse sichern zum einen die Verfügbarkeit geeigneter Nährstoffe aber auch die kurz-, mittel- und langfristige Koordination und Organisation von Wachstums- und Entwicklungsprozessen in all ihren Detailschritten.[7]

Systematik

Gemäß der aktuellen Eukaryoten-Systematik von Adl u.a. (2005)[4] zählen die Vertreter der Grünalgen und auch der Rotalgen, die lange zu den Pflanzen gerechnet wurden, nicht mehr zu den Plantae. Somit entsprechen die Plantae den Embryophyten, umfassen also die Moose und die Gefäßpflanzen.

Äußere Systematik

Die Verwandtschaft der Pflanzen mit den Grünalgen war aufgrund der gemeinsamen Photosynthesepigmente und Polysaccharide lange vermutet worden. Einige Grünalgen wie die Armleuchteralgen bilden auch ihre Eizellen umhüllendes Gewebe. DNA-Sequenzvergleiche zeigten dann auch, dass die Characeae die nächsten lebenden Verwandten der Pflanzen sind. Ein Kladogramm sieht folgendermaßen aus:[8] [9]

```
            ┌─── Pflanzen
        ┌───┤
    ────┤   └─── Armleuchteralgen (Charales)
        │
        └─────── Coleochaetales
```

Die manchmal vertretene Ansicht, es gäbe mehrere Abstammungslinien der Pflanzen aus den Algen heraus, wurde bereits durch morphologische Studien als unwahrscheinlich erkannt[6] , wird auch durch molekularbiologische Studien nicht gestützt[8] und wird daher heute kaum mehr vertreten.

Innere Systematik

Die rezenten (nicht ausgestorbenen) Vertreter der Pflanzen bilden vier deutlich voneinander getrennte Gruppen. Diese sind sowohl nach morphologischen wie auch nach molekularbiologischen Studien monophyletisch: Lebermoose, Laubmoose, Hornmoose und Gefäßpflanzen. Die Stellung dieser vier Gruppen untereinander ist jedoch noch nicht endgültig geklärt. In der Vergangenheit gab es verschiedene Vorschläge (vgl. Systematik der Moose), jedoch zeichnet sich folgendes Kladogramm als wahrscheinliche Verwandtschaftsverhältnisse ab:[8]

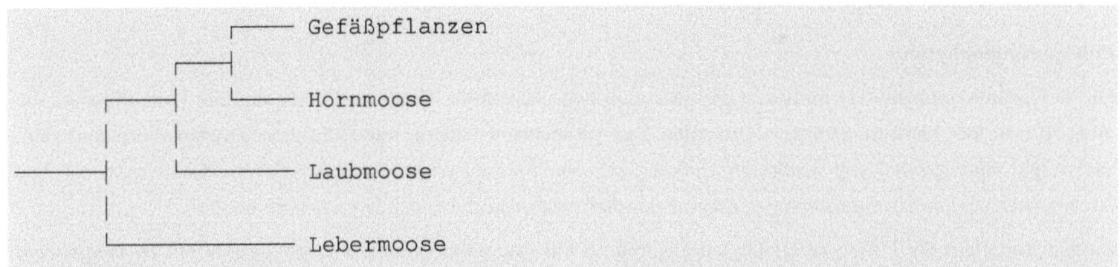

Die Hornmoose wären demnach die Schwestergruppe der Gefäßpflanzen. Neben molekularbiologischen Studien weisen auch mehrere den Hornmoosen im Vergleich zu den anderen Moosen eigentümliche Merkmale auf die nahe Verwandtschaft zu den Gefäßpflanzen hin: die Sporophyten der Hornmoose sind relativ groß, langlebig und photosynthetisch aktiv, also relativ selbständig. Damit nehmen sie eine Zwischenstellung zwischen den anderen Moosen mit ihren vom Gametophyten abhängigen Sporophyten und den Gefäßpflanzen mit ihren völlig unabhängigen Sporophyten ein.[8]

Für eine detailliertere Übersicht über das Pflanzenreich, siehe Systematik des Pflanzenreichs.

Systematik fossiler Vertreter

Bei Einbeziehung fossiler Pflanzen, die an der Basis der Gefäßpflanzen stehen, wird das oben dargestellte Bild etwas komplizierter. Zwar sind fossile Moose aus der Frühzeit der Pflanzen nicht bekannt, dafür sind etliche Vertreter früher Gefäßpflanzen bekannt. Diese wurden im frühen 20. Jahrhundert unter dem Begriff Psilophyten vereinigt, diese Gruppe erwies sich jedoch schon bald als sehr heterogen. Banks hat diese Gruppe in die drei Gruppen Rhyniophyta, Trimerophytophyta und Zosterophyllophyta aufgespalten. Kenrick und Crane[6] zeigten jedoch 1997, dass zumindest die beiden ersten Gruppen künstlich sind. Die Vertreter der beiden letzten Gruppen gehören zu den Eutracheophyten, während die Vertreter der Rhyniophyta sehr basal stehen. Kenrick und Crane stellten folgendes Kladogramm auf:[10]

```
        ┌────────────────── Echte Gefäßpflanzen (Eutracheophyten)
      2 │
       ┌┤                 ┌── Stockmansella                  ┐
       ││                ┌┤                                  │
       │└────────────────┤└── Rhynia                         │ Rhyniopsida
      ┌┤                 │                                   │
      ││                 └─── Huvenia                        ┘
      ││
  1   │└───────────────────── Aglaophyton
 ─────┤
      │                   ┌── Caia                           ┐
      │                  ┌┤                                  │
      └──────────────────┤└── Horneophyton                   │ Horneophytopsida
                         │                                   │
                         └─── Tortilicaulis                  ┘
```

Zwischen den Moosen (nicht dargestellt) und den Gefäßpflanzen (Klade 2) gibt es also noch einige Gruppen ausgestorbener Pflanzen.

Polysporangiophyten

Die Polysporangiophyten (1) umfassen die gesamte oben dargestellte Klade und umfassen alle Landpflanzen, die nicht zu einer der Moosgruppen gezählt werden. Ihre gemeinsamen abgeleiteten Merkmale (Synapomorphien) sind: verzweigte Sporophyten mit mehreren Sporangien; der Sporophyt ist unabhängig vom Gametophyten. Die Archegonien sind in den Gametophyten eingesenkt, dies ist aber auch bei den Hornmoosen der Fall.[11]

Zu den Vertretern der Polysporangiophyten gehören als basalste Gruppe die Horneophytopsida mit *Horneophyton*. Eine isoliert stehende Art ist *Aglaophyton major*. Die übrigen Vertreter (Klade 2) gehören zu den Gefäßpflanzen (Tracheobionta), deren basale Gruppe die Rhyniopsida sind.

Botanische Geschichte

Die Pflanzen waren lange Zeit neben den Tieren und den Mineralien eines der drei Naturreiche. Noch Carl von Linné gliederte sein *Systema naturae* dementsprechend.[12] Auch Ernst Haeckel inkludierte in seine Plantae die Pilze, Flechten, die Cyanobakterien, sowie die verschiedensten Algengruppen.[6] Während die Botanik sich weiterhin mit all diesen Gruppen beschäftigt, wurde die Definition der Pflanzen später auf diejenigen Landpflanzen und Grünalgen eingeengt, die sich durch die Chlorophylle a und b, Stärke als Reservepolysaccharide und Zellulose in der Zellwand auszeichnen. Heute werden die Pflanzen verschieden definiert: manche Systeme beziehen die Grünalgen in die Pflanzen ein, andere Systeme, so das hier verwendete, fassen die Lebewesen mit den oben angeführten Merkmalen in den Chloroplastida zusammen und beschränken die Pflanzen auf die Landpflanzen.[13]

Bedeutung für den Menschen

Die Nutzung der Pflanzen begann in der Frühzeit des Menschen mit dem Sammeln. Heute werden Pflanzen für den menschlichen Gebrauch überwiegend als Kulturpflanzen angebaut (Landwirtschaft). Einen Grenzfall stellt die Nutzung des Holzes aus Wäldern dar.

Pflanzen als Nahrung

Die Ernährung des Menschen basiert vollständig auf Pflanzen, entweder durch den direkten Verzehr, oder indirekt durch den Verzehr von pflanzenfressenden Tieren oder Tierprodukten. Die weltweit wichtigsten Nutzpflanzen sind Weizen, Reis, Mais und Kartoffeln. Von der großen Anzahl der kultivierten Nutzpflanzen trägt nur ein kleiner Anteil die Hauptlast der menschlichen Ernährung (Grundnahrungsmittel).

Pflanzen als Sauerstofflieferanten

Pflanzen tragen zur Versorgung der Atemluft mit Sauerstoff bei.

Pflanzen als Energielieferant

Die klassische Form der Energiegewinnung aus Pflanzen ist das Verbrennen. Die Verwendung von Feuer ist eine der ganz frühen Errungenschaften des Menschen. Wichtigstes Brennmaterial ist Holz. Auch die bergmännisch gewonnene Kohle ist ein pflanzlicher Brennstoff. Eine zunehmende Bedeutung gewinnen die aus Pflanzen gewonnenen Kraftstoffe, zum Beispiel Biodiesel.

Pflanzen als Werkstoff

Traditionell werden Pflanzen zu verschiedensten Zwecken für den menschlichen Gebrauch verarbeitet. Pflanzen sind das wichtigste Ausgangsmaterial zur Herstellung von Kleidung. Sie werden zu vielerlei Werkzeugen verarbeitet. Pflanzen, insbesondere Holz, sind ein unverzichtbares Baumaterial.

Pflanzen als Genussmittel

Seit jeher werden Pflanzen nicht nur als Grundnahrungsmittel gegessen. Viele Pflanzen und Pflanzenprodukte werden auch als Genussmittel genutzt, wie etwa Kräuter und Gewürze zum Verfeinern von Speisen. Beispiele für pflanzliche Genussmittel mit großer wirtschaftlicher Bedeutung sind Kaffee, Tee, Tabak und der aus verschiedensten Pflanzen gewonnene Alkohol. Genussmittel im weiteren Sinn sind auch die rauscherzeugenden Drogenpflanzen, die oft zu den Giftpflanzen gezählt werden.

Nutzung als Heilmittel

Vor dem Aufkommen synthetischer Arzneimittel spielten Pflanzen und Pflanzenextrakte eine Schlüsselrolle als Heilmittel. Auch heute noch sind in vielen zugelassenen Arzneimitteln pflanzliche Stoffe enthalten. Eine zentrale Bedeutung haben Heilpflanzen in der Volksmedizin, insbesondere in der Form von Kräutertees.

Zierpflanzen

Zierpflanzen werden aus ästhetischen Gründen angepflanzt, beispielsweise zur Begrünung von Bauwerken. Die meisten Zimmerpflanzen gehören in diese Kategorie. Beliebte Familien sind Bromelien und Orchideen. Sehr häufig werden aromatische Pflanzen auch ihres Duftes wegen angepflanzt, wie es bei duftenden Blumen – insbesondere den Rosen – der Fall ist.

Literatur

- Eduard Strasburger (Begr.), Peter Sitte, Elmar Weiler, Joachim W. Kadereit, Andreas Bresinsky, Christian Körner: *Lehrbuch der Botanik für Hochschulen.* 35. Auflage. Spektrum Akademischer Verlag, Heidelberg 2002, ISBN 3-8274-1010-X.
- Peter Raven, Ray F. Evert, Susan Eichhorn: *Biologie der Pflanzen.* de Gruyter, 2006, ISBN 3-11-018531-8.

Einzelnachweise

[1] Eduard Strasburger (Begr.), Peter Sitte, Elmar Weiler, Joachim W. Kadereit, Andreas Bresinsky, Christian Körner: *Lehrbuch der Botanik für Hochschulen.* 35. Auflage. Spektrum Akademischer Verlag, Heidelberg 2002, ISBN 3-8274-1010-X, S. 10.

[2] *New study shows one fifth of the world's plants are under threat of extinction* (http://www.iucnredlist.org/news/srli-plants-press-release). IUCN. Abgerufen am 15. Oktober 2010.

[3] *IUCN Red List (version2010.1), Table 1: Numbers of threatened species by major groups of organisms (1996–2010)* (http://www.iucnredlist.org/documents/summarystatistics/2010_1RL_Stats_Table_1.pdf). IUCN. Abgerufen am 15. Oktober 2010.

[4] Sina M. Adl et al.: *The New Higher Level Classification of Eukaryotes with Emphasis on the Taxonomy of Protists.* The Journal of Eukaryotic Microbiology 52 (5), 2005; Seiten 399-451 Abstract und Volltext (http://www.blackwell-synergy.com/doi/abs/10.1111/j.1550-7408.2005.00053.x))

[5] Strasburger 2002, S. 699

[6] Paul Kenrick, Peter R. Crane: *The Origin and Early Diversification of Land Plants. A Cladistic Study.* Smithsonian Institution Press, Washington und London 1997, ISBN 1-56098-729-4, S. 231.

[7] Witzany, G. 2006: *Plant Communication from Biosemiotic Perspective.* Plant Signaling & Behavior 1(4): 169-178.

[8] Yin-Long Qiu et al.:*The deepest divergences in land plants inferred from phylogenomic evidence.* Proceedings of the National Academy of Sciences 103(42), S. 15511–15516. online (http://www.pnas.org/cgi/doi/10.1073/pnas.0603335103)

[9] Louise A. Lewis, Richard M. McCourt: *Green Algae and the origin of land plants*: American Journal of Botany 91 (10), 2004, Seiten 1535-1556. Abstract und Volltext (http://www.amjbot.org/cgi/content/abstract/91/10/1535)

[10] Paul Kenrick, Peter R. Crane: *The Origin and Early Diversification of Land Plants. A Cladistic Study.* Smithsonian Institution Press, Washington D.C. 1997, Abb. 4.31.

[11] Kenrick, Crane 1997, Tabelle 7.2.

[12] Ilse Jahn (Hrsg.); Ilse Jahn (Hrsg.): *Geschichte der Biologie.* Nikol, Hamburg 2002, ISBN 3-937872-01-9, S. 235.

[13] vgl. Strasburger 2002, S. 675ff., und Adl et al. 2005

Weblinks

- Uni Hamburg: Botanik online (http://www.biologie.uni-hamburg.de/b-online/d00/inhalt.htm)
- Uni Ulm: Morphologie, Anatomie und Systematik der Höheren Pflanzen (http://www.biologie.uni-ulm.de/lehre/botanik/)

bjn:Tumbuhan kbd:КъэкIыгъэхэр koi:Быдмас ltg:Auguoji mrj:Кушкыш rue:Рослины

Tier

Tiere sind nach dem herkömmlichen Verständnis Lebewesen, die ihre Energie nicht durch Photosynthese gewinnen und Sauerstoff zur Atmung benötigen. An Stelle einer Photosynthese ernähren sich Tiere von anderen tierischen und/oder pflanzlichen Organismen (Heterotrophie). Die meisten Tiere sind ortsbeweglich und mit Sinnesorganen ausgestattet. Die Naturwissenschaft der Tiere ist die Zoologie. Systematisch spielen die Tiere in ihrer Gesamtheit heute keine Rolle, meistens wird in der Taxonomie mit dem „Reich der Tiere" die Gruppe der Vielzelligen Tiere (Metazoa) gemeint.

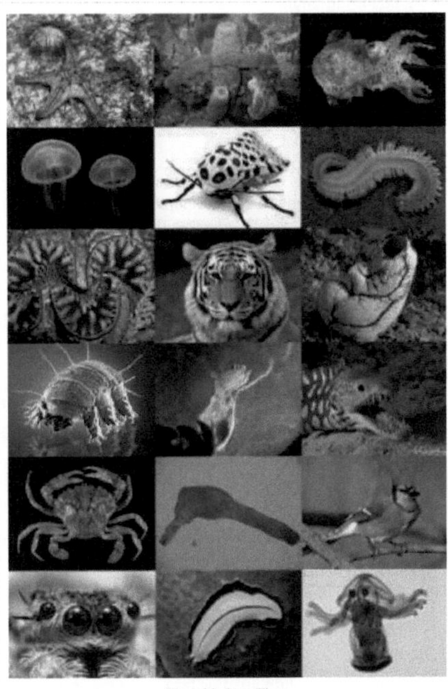
Verschiedene Tiere

Taxonomie

Der Begriff Tiere (lat. animal) wurde bereits im Altertum geprägt, die anerkannte wissenschaftliche Erstbeschreibung eines Tierreichs stammt allerdings von Carl von Linné aus dem Jahr 1758. Taxonomisch werden Tiere häufig als ein Reich innerhalb der Domäne der Eukaryoten beschrieben und den Pflanzen sowie den Pilzen gegenübergestellt. Die Zellen der Tiere haben im Gegensatz zu Pilzen und Pflanzen keine Zellwand, sie sind von einer Membran umgeben. Heute sind als Tiere taxonomisch ausschließlich die Vielzelligen Tiere (Metazoa) gemeint.

Traditionell werden in diese Gruppe vielzellige Tiere und eine ganze Reihe von tierlichen Einzellern, die Protozoa, gestellt. In der phylogenetischen Systematik ist diese Zusammenfassung nicht haltbar, da die Protozoa nicht eine in sich geschlossene, monophyletische, Gruppe darstellen, sondern gemeinsam mit verschiedenen, traditionell als Algen bezeichneten und zu den Pflanzen gestellten, Einzellergruppen mehrere nicht näher miteinander verwandte Organismengruppen bilden.

Systematik der Tiere

Vielzellige Tiere

Die mit den Vielzelligen Tieren am engsten verwandte Gruppe sind die Kragengeißeltierchen (Choanoflagellata), die mit den Choanozyten der Schwämme (Porifera), einem Zelltyp innerhalb der Strudelkammern, identisch sind. Nahe verwandt sind zudem die Pilze, die traditionell zu den Pflanzen gerechnet wurden. Tiere (in dieser Definition) und Pilze sowie die Kragengeißeltierchen und einige weitere Gruppen einzelliger Organismen zusammen werden heute als Opisthokonta in die Eukaryoten eingeordnet.

Die derzeit in der Wikipedia verwendete Systematik der Tiere ist einsehbar in dem Artikel Systematik der Vielzelligen Tiere. An dieser Stelle sollen bloß die aktuelleren Entwicklungen der Systematik kurz dargestellt werden. Die Systematik der Tiere wird zurzeit intensiv erforscht. Die folgende Darstellung ist deshalb sicherlich nicht die endgültige Fassung. Sie basiert auf einer Reihe aktueller phylogenomischer Arbeiten, wobei den jüngeren/umfangreicheren Publikationen jeweils mehr Gewicht eingeräumt wurde.[1] [2] [3] [4] [5]

- **Animalia**
  - Choanoflagellata
  - Metazoa
    - Porifera
    - „Eumetazoa+Placozoa"
      - Placozoa
      - Eumetazoa
        - Coelenterata
        - Bilateria
          - Acoelomorpha[6] [7]
          - Eubilateria
            - Protostomia
            - Deuterostomia

In der dargestellten aktuellen Systematik ist besonders auffällig, dass die Coelenterata wieder berücksichtigt werden. Dies geschieht nach Philippe et al. (2009) und widerspricht zum Beispiel Dunn et al. (2008). Darüber hinaus werden einige gebräuchliche Gruppenbezeichnungen aus unterschiedlichen Gründen nicht mehr verwendet:

- Choanoflagellates - Synonym zu Choanoflagellata
- Choanoflagellida - Synonym zu Choanoflagellida
- Choanomonada - Synonym zu Choanoflagellata
- Choanozoa - Paraphylum aus Ichthyosporea, Filasterea und Choanoflagellata
- Coelomata - Synonym für Eubilateria
- Diploblasta - Synonym zu Coelenterata
- Parazoa - Paraphylum aus Porifera und Placozoa
- Radiata - Synonym zu Coelenterata
- Triploblasta - Synonym zu Bilateria
- Urmetazoa - Synonym zu Metazoa

Häufig wird *Animalia* als Synonym zu *Metazoa* benutzt. Die ein- bis wenigzelligen Choanoflagellata werden demzufolge nicht als echte Tiere betrachtet, sondern als Schwestergruppe zu den Animalia/Metazoa. Das Monophylum, das Choanoflagellata und Metazoa zusammenfasst, trägt dann keinen Namen.

Einzellige Tiere (Protozoa)

Die ehemals zu den Tieren eingeordneten einzelligen Tiere (Protozoa) entstammen einer Reihe verschiedener Taxa innerhalb der Eukaryoten. Es handelt sich bei ihnen um alle einzelligen Organismen, die einen Zellkern, aber keine Chloroplasten, besitzen und sich somit heterotroph ernähren.

Neben den bereits genannten Opisthokonta, die neben den vielzelligen Tieren und Pilzen auch einzellige Formen beinhaltet, finden sich Einzeller ohne Chloroplasten auch in den Amoebozoa, den Rhizaria und den Excavata, während die Archaeplastida und die Chromalveolata fast ausschließlich photosynthetisch aktive Einzeller enthalten.

Philosophische Trennung zwischen Mensch und anderen Tieren

Naturwissenschaftlich gesehen ist auch der Mensch ein Tier. Jedoch umfasst umgangssprachlich (in fast allen Sprachen) und in der Philosophie der Begriff *Tier* nicht den Menschen, sondern wird oft als explizites Antonym verwendet. Mit dem Verhältnis des Menschen zu anderen Tieren („Mensch-Tier-Verhältnis") befasst sich die Philosophische Anthropologie bzw. die Anthrozoologie.

Die Verhaltensbiologie hat gezeigt, dass höher entwickelte Tiere sich komplizierterer Verhaltensmuster und gewisser Zeichensysteme bedienen (Tiersprache) als weniger hoch entwickelte. Auch zu abstraktem Denken zeigen sich neben dem Menschen einige Tierarten zumindest in Ansätzen fähig[8] . *Selbsterkenntnis* (das „Sichselbsterkennen" im Spiegel) findet man bei Schimpansen und sogar Vögeln (Elstern). Außer dem Menschen sind allerdings keine Tierarten bekannt, die in der Lage sind, hochentwickelte Kulturen hervorzubringen. Diese Kulturen unterscheiden sich bei der Art *Homo sapiens* untereinander ganz wesentlich, selbst innerhalb biologisch ähnlicher Lebensräume. Bei anderen Tieren hingegen sind gesellschaftliche Strukturen (wie Gruppenrituale, Dominanz eines Geschlechts etc.) innerhalb einer Art weitgehend gleich. Wenn Unterschiede überhaupt auftreten, sind sie durch Einflüsse des jeweiligen Lebensraumes bedingt. Emotionen jedoch sind etwa bei Säugetieren und Vögeln zweifelsfrei beobachtbar, und Schmerz-Reaktionen können auch bei niederen Tierarten registriert werden. Zum Bewusstsein höherer Tierarten siehe Bewusstsein.

Literatur

- David Burnie (Hrsg.): *Tiere. Die große Bild-Enzyklopädie mit über 2000 Arten.* Dorling Kindersley Verlag, München 2006, ISBN 978-3-8310-0956-5

Siehe auch

- Wappentier
- Fabeltier
- Speziesismus
- Tierquälerei

Einzelnachweise

[1] Philippe H, Derelle R, Lopez P, Pick K, Borchiellini C, Boury-Esnault N, Vacelet J, Renard E, Houliston E, Quéinnec E, Da Silva C, Wincker P, Le Guyader H, Leys S, Jackson DJ, Schreiber F, Erpenbeck D, Morgenstern B, Wörheide G, Manuel M: *Phylogenomics Revives Traditional Views on Deep Animal Relationships.* In: *Current Biology.* 19, Nr. 8, 28. April 2009, S. 706-712. doi: 10.1016/j.cub.2009.02.052 (http://dx.doi.org/10.1016/j.cub.2009.02.052). PMID 19345102.

[2] Dunn CW, Hejnol A, Matus DQ, Pang K, Browne WE, Smith SA, Seaver E, Rouse GW, Obst M, Edgecombe GD, Sørensen MV, Haddock SH, Schmidt-Rhaesa A, Okusu A, Kristensen RM, Wheeler WC, Martindale MQ, Giribet G: *Broad phylogenomic sampling improves resolution of the animal tree of life.* In: *Nature.* 452, Nr. 7188, 10. April 2008, S. 745-749. doi: 10.1038/nature06614 (http://dx.doi.org/10.1038/nature06614). PMID 18322464.

[3] Shalchian-Tabrizi K, Minge MA, Espelund M, Orr R, Ruden T, Jakobsen KS, Cavalier-Smith T: *Multigene Phylogeny of Choanozoa and the Origin of Animals.* In: *PLoS ONE.* 3, Nr. 5, 7. Mai 2008, S. e2098. doi: 10.1371/journal.pone.0002098 (http://dx.doi.org/10.1371/journal.pone.0002098). PMID 18461162. Volltext bei PMC: 2346548 (http://www.pubmedcentral.gov/articlerender.fcgi?tool=pmcentrez&artid=2346548).

[4] Gaidos E, Dubuc T, Dunford M, McAndrew P, Padilla-Gamino J, Studer B, Weersing K, Stanley S: *The Precambrian emergence of animal life: a geobiological perspective.* In: *Geobiology.* 5, Nr. 4, 17. September 2007, S. 351-373. doi: 10.1111/j.1472-4669.2007.00125.x (http://dx.doi.org/10.1111/j.1472-4669.2007.00125.x).

[5] Steenkamp ET, Wright J, Baldauf SL.: *The Protistan Origins of Animals and Fungi.* (http://mbe.oxfordjournals.org/cgi/reprint/23/1/93.pdf) (PDF) In: *Molecular Biology and Evolution.* 23, Nr. 1, Januar 2006, S. 93-106. doi: 10.1093/molbev/msj011 (http://dx.doi.org/10.1093/molbev/msj011). PMID 16151185.

[6] Baguñà J, Riutort M: *Molecular phylogeny of the Platyhelminthes.* In: *Canadian Journal of Zoology.* 82, Nr. 2, 2004, S. 168-193. doi: 10.1139/z03-214 (http://dx.doi.org/10.1139/z03-214).

[7] Hejnol A, Obst M, Stamatakis A, Ott M, Rouse GW, Edgecombe GD, Martinez P, Baguñà J, Bailly X, Jondelius U, Wiens M, Müller WE, Seaver E, Wheeler WC, Martindale MQ, Giribet G, Dunn CW: *Assessing the root of bilaterian animals with scalable phylogenomic methods.* In: *Proceedings of The Royal Society B Biological Sciences.* 276, Nr. 1677, 22. Dezember 2009, S. 4261-4270. doi: 10.1098/rspb.2009.0896 (http://dx.doi.org/10.1098/rspb.2009.0896). PMID 19759036. Volltext bei PMC: 2817096 (http://www.pubmedcentral.gov/articlerender.fcgi?tool=pmcentrez&artid=2817096).

[8] Taylor AH, Elliffe D, Hunt GR, Gray RD.: *Complex cognition and behavioural innovation in New Caledonian crows.*. In: *Proceedings of The Royal Society B Biological Sciences.* 21. April 2010. doi: 10.1098/rspb.2010.0285 (http://dx.doi.org/10.1098/rspb.2010.0285). PMID 20410040.

koi:Пода ltg:Dzeivinīki rue:Жывы творы

Säuresee

Als **Säureseen** bezeichnet man die Seen, die viele Vulkane, die wie die Vulkane Indonesiens in Gebieten mit hohem Niederschlag liegen, in ihrem Kraterinneren bergen. Die aggressiven Schwefeldämpfe, die aus dem Vulkanschlund aufsteigen, zersetzen das Gestein rund um den Krater zu feinem Ton. Dieser Ton dichtet den Kraterboden ab, sodass sich Regenwasser in der Mulde sammeln kann. Die ätzenden Gase quellen unter Wasser weiterhin aus, reagieren mit dem Wasser zu Säure.

Irazú, Costa Rica

Brechen Vulkane aus, die solche Säureseen in ihrem Kraterinneren beherbergen, dann kann sich ein heißer und ätzender Schlammstrom über die Flanken des Vulkans ergießen. Dieser besteht dann aus saurem Wasser, Vulkanasche, sowie Steinen und ist in der Lage, ganze Landstriche zu verwüsten.

Säuresee im Südkrater *Troizki* des Vulkans Maly Semjatschik, Kamtschatka, Russland

Säureseen können äußerst farbig sein. Je nach den geologischen Umständen ergibt sich eine andere Farbe. Spektakuläre Kraterseen mit giftgrüner oder türkisblauer Farbe gibt es in den auf der Landbrücke zwischen Nordamerika und Südamerika gelegenen Vulkanen. Vor allem Costa Rica ist reich an solchen Seen.

Besonders bekannt ist der Säuresee des Rincón de la Vieja, eines aktiven Schichtvulkans.

Smaragdgrün ist der Säuresee des Südkraters des Maly Semjatschik, eines Vulkans auf der russischen Halbinsel Kamtschatka.

Article Sources and Contributors

Bermin-See *Source*: http://de.wikipedia.org/w/index.php?title=Bermin-See *Contributors*: Atamari, Haplochromis, Sextant

Kratersee *Source*: http://de.wikipedia.org/w/index.php?title=Kratersee *Contributors*: 24karamea, Aktions, Alexandronikos, Atamari, Blaue Orchidee, Elisabeth59, G.hooffacker, Gary Dee, Grabenstedt, Haplochromis, Hubertl, Juliana, Kpisimon, Lotse, McNamara, Mohammadh, Mps, PeterGuhl, Sextant, Slimguy, Styko, Suombe, Tomdo08, Tscharnaut, Uwe Gille, Vesta, Voyager, °, 24 anonymous edits

Kamerun *Source*: http://de.wikipedia.org/w/index.php?title=Kamerun *Contributors*: 100 Pro, 20percent, 217, A.Savin, Abc2005, Abe Lincoln, Achsenzeit, Aconcagua, Agnete, Ahandrich, Ahoerstemeier, Aka, Aktions, Aldipower, AlexdG, Alfred Nobel, Alnilam, Amphibium, Anderer, AndreasE, Andy800, AnhaltER1960, Antemister, Anwiha, Assarhaddon, Astrobeamer, Atamari, Atlantis, Attallah, Avoided, BK-Master, BKSlink, Baird's Tapir, Bangin, BeeKaaEll, Ben-Zin, Bierdimpfl, BishkekRocks, Björn Bornhöft, Bla bla, Bohr, Bonanzero, Bourgeois, Brackenheim, BrilleUndBart, Bummler, Buster Baxter, CdaMVvWgS, ChKa, Chantou, Chigliak, Chrischerf, ChristianBier, ChristianGlaeser, Chrosser, Coast path, Cocker68, Creando, Crux, Cvk, César, Dababafa, DanielHerzberg, Danyalov, Dawn, Denis Barthel, Der.Traeumer, DerGraueWolf, DerHeilige, DerHexer, Derjanosch, Diba, Dietzel, Dirk.heldmaier, Dolphin.fra, Domenico-de-ga, Don Magnifico, Dr. Angelika Rosenberger, DrHok, Dundak, Earwig, Eingangskontrolle, Erebino, Erwin E aus U, Euphoriceyes, Exa, FGodard, Faber-Castell, Fedi, Filzstift, Firefox13, Florian K, Florian.Keßler, Frodoeghegheheh, Fullhouse, Funkruf, Furfur, Fusslkopp, GLGerman, GLGermann, GNosis, Gauss, Generator, Gerbil, Gerd Wiechmann, Gf1961, Giftzwerg89, Gilliamjf, Gleiberg, Gluecksbear, GregorHelms, Grotej, Hans J. Castorp, Hans-Friedrich Tamke, Hansbaer, Hao Xi, Happygolucky, Haruspex, Hds26846, He3nry, Head, HeinzeOnkelHeinz, Herr Klugbeisser, Herrick, Hgulf, Hierakares, Hildegund, Hoo man, Howwi, Hufi, Hukukçu, Hy, IP-Adresse, Ibn Battuta, Immanuel Giel, Ina96, Inkowik, Inozeros, Invisigoth67, Irgendwobeiherry, Itu, J budissin, J. Patrick Fischer, JCIV, Janneman, Javaprog, JensMueller, Jivee Blau, Joachimstolz, Jodo, JohSt, John, Johnny Controletti, Juesch, KGF, Kampfsoldat, Karibuni, Karin Laakes, Katanga, Kaugummimann, Kipala, Kliv, Kolossos, Kuemmjen, Kunani, LKD, Laudrin, Leuche, Lewa, Liesel, Linuxer, Logograph, Lupfro, Mandavi, Manducus, Manie, Mannerheim, Mario Moldenhauer, Martin-vogel, Martinwilke1980, Marzahn, Masc0175, Media lib, Meffo, Mehlauge, Meister, Merker Berlin, Michael w, Michail, Michail der Trunkene, Mnh, Mons Maenalus, Motorbiker, Mrs. Orange, Musik-chris, Nankea, Nannus, Nike86, Nocturne, Nolispanmo, O.Koslowski, Olaf Studt, Orci, Ot, Pascal76, PeeCee, Peter200, Pit, Pitichinaccio, Pittimann, Pixelect, Platte, Poemsround, Polemos, Psi007, Ratatosk, Rax, Raymond, Redf0x, Regi51, Reinhard Dietrich, Ri st, RobertLechner, Rockoo, Romanm, Roterraecher, Rr2000, Rujadd, Rülpsmann, S.Didam, STBR, Sarcelles, Schaengel89, Schnargel, Schneid9, Screamingguitar, Sebjarod, Seewolf, Selvejp, Sinn, Skeptic68, Skipper Michael, Slimcase, Slowrider, Soli, Speck-Made, Spuk968, StYxXx, Stauba, SteMicha, Stern, Stöhrfall, Sven-steffen arndt, TUBS, Taintain, Terabyte, Tfrpifr1, Theol, Thomas E, Thomas G. Graf, Timmy, TobiasKlaus, Tomdo08, Torsten1964, Treisijs, Trinidad, Trixium, Trockennasenaffe, Tsor, Turbonachsichter, Tzzzpfff, Tönjes, UJung, URS, Udo.Netzel, Umweltschützen, Unukorno, Ureinwohner, VampLanginus, Vanellus, Vinci, Vinimontanus, Vondiepenbrock, WAH, Wesener, Weser, Widipedia, Wiguläus, Wikipedianer 0815, Wolfgang1018, Wolfwende, Wysiwyg, Xorx, Yikrazuul, YourEyesOnly, Zenit, Zeno Gantner, Zerebrum, Zeuke, Zinnmann, Zuse, Ästetük, Überraschungsbilder, 472 anonymous edits

Buntbarsche *Source*: http://de.wikipedia.org/w/index.php?title=Buntbarsche *Contributors*: 4tilden, Abgpeter, Aglarech, Aka, Alien, Anika, AquaLot, BKSlink, BS Thurner Hof, Berniesaurus, Btr, Der Meister, Diba, Don Magnifico, Dozor, Engeser, Entlinkt, Fcbaum, Franz Liszt, Fristu, Gebu, Gereon K., Gerome-pascal, Gogoschinski, Graf zu Pappenheim, Haplochromis, Haps, Hutschi, Hydro, Itti, J C D, Jonathan Hornung, JuTa, Katharina, Kemfar, Kibert, Kristjan, Marcus Cyron, Martine1005, Melly42, MiJoMi, Michael4579880, Mietchen, Miko0001, Milan8888, Mucalexx, Muck, Necrophorus, Oliver s., Pass3456, Peter200, Pittimann, Plattmaster, Regani, Regiomontanus, RicciSpeziari, Rufus46, Schlurcher, Scooter, Skh, SteBo, Stechlin, Steschke, Tischlampe, TomCatX, Tsor, Tönjes, Uwe Gille, Voyager, Wesener, 74 anonymous edits

Substratlaicher *Source*: http://de.wikipedia.org/w/index.php?title=Substratlaicher *Contributors*: AtelierMonpli, Bernard Ladenthin, CommonsDelinker, Haplochromis, Hydro, KOchstudiO, Kibert, Martin1978, Saibo, Wolfgang1018, 1 anonymous edits

Süßwasserschwämme *Source*: http://de.wikipedia.org/w/index.php?title=S%C3%BC%C3%9Fwasserschw%C3%A4mme *Contributors*: Achim Raschka, Engeser, Fumanschu, Haplochromis, Hewa, Hydro, Larf, Liberatus, Matthiasb, Mithril, Olaf Studt, Pelz, Ratzer, Spongilla, Sunbird, Uwe Gille, 1 anonymous edits

See *Source*: http://de.wikipedia.org/w/index.php?title=See *Contributors*: 08-15, 1001, 32X, 4tilden, A.Savin, Aglarech, Aineias, Aka, Alexander Z., Alma, Andi schmitt, Andreas 06, Anwiha, Asdert, Asthma, Bademeisterm, Bdk, Benoit85, Berlin-Jurist, Binter, Brummfuss, Böhringer, Chjb, Cologinux, Complex, Conny, Dachbewohner, Der alte Jäger, Diba, Don Magnifico, Dufo, Dyrskar, Enslin, Entlinkt, Eruedin, Euphoriceyes, Fice, Fiselgrulm, Flavia67, GDK, Geisslr, Geof, Gerd Fahrenhorst, Glenn, Grabenstedt, H0tte, Hardenacke, Hati, Herzi Pinki, Holger1974, Horsi, Howwi, Info0, Ireas, J budissin, JCIV, Jivee Blau, Jo.Fruechtnicht, Jonna, Josef Moser, Juhan, Julius-m, Jungkind, Karl-Henner, Kpjas, Krawi, Kursch, LC, LKD, Louisana, MIBUKS, Maggot, Maha, Martin Aggel, Martin-vogel, Matt1971, Mnh, Mps, NCC1291, Nachtigall, Ncnever, Ne discere cessa!, Neitram, Nikkis, Nina, Ninjamask, Numbo3, Oge, Oktaeder, Olaf Studt, Ossipro, Ot, OttoK, Ottomanisch, Parakletes, PaulePanter, Pitichinaccio, Pittimann, Pjacobi, Placebo111, Port(u*o)s, Quikquak, RCLH, Radian, Ratzer, Regi51, Regiomontanus, Renekaemmerer, RitaC, Riverrats, Robb, Robert Will, Rufus46, Sansculotte, Sascha Brück, Satyrios, Schwimmmeister, Seewolf, Seth Cohen, Sinn, Speifensender, Steef389, Stefan Kühn, Stefan h, Suirenn, Sven-steffen arndt, T. Then, T.D.Rostock, Thomas G. Graf, Tobias1983, Tobiask, Tsor, Universaldilettant, Uwe Gille, Vijverln, VinylVictim, W!B:, WAH, Wanzo, Witten, Wolfgang1018, Zapyon, Zollwurf, Zoph, Zölle, 158 anonymous edits

Vulkankrater *Source*: http://de.wikipedia.org/w/index.php?title=Vulkankrater *Contributors*: Alchemist-hp, Don Magnifico, Iwoelbern, Kipala, LC, Lichtkind, Mario todte, Nb, Obersachse, Reykholt, S2cchst, Sextant, ThE cRaCkEr, Tobias1983, ZweiZahn, 5 anonymous edits

Caldera_(Krater) *Source*: http://de.wikipedia.org/w/index.php?title=Caldera_%28Krater%29 *Contributors*: 4Frankie, 4tilden, ABF, AN, Achim Raschka, Amras wi, Androl, Armin P., Assarhaddon, Bangin, Bender235, BenjiMantey, Boemmels, Cat, Codc, Conny, Crux, Der.Traeumer, Diba, Dolos, Don Magnifico, Dunnhaupt, Elisabeth59, Erichnohe, ErikDunsing, Fristu, GDK, Gaeddal, Geos, GerritR, H-stt, Hans-Peter Scholz, Hastdutoene, Head, Herbye, Herzi Pinki, Howwi, Hozro, Jeffausbw, Jonesey, JøMa, Kpisimon, Labant, Lotse, MFM, Masegand, Matarz, MichiK, Mjh, Mps, Nachtigall, Nb, Ottomanisch, Peter200, Pitichinaccio, Pittimann, Rdb, Reilinger, Reykholt, Roo1812, STBR, Septembermorgen, Sextant, Sinn, Sisal13, Slimguy, Spuk968, Stefan Ruehrup, Stephan Klage, Stern, Stl tec, Svenman, Tafkas, Thorbjoern, To.sch, Ty von Sevelingen, Tönjes, W!B:, W-j-s, WOBE3333, Wiesenthal, Willibaldus, Wnme, Wolfgang1018, Zollwurf, 78 anonymous edits

Maar *Source*: http://de.wikipedia.org/w/index.php?title=Maar *Contributors*: 4tilden, A.Savin, Aka, Alcibiades, Antonsusi, Avoided, Bent, Black-Landy, Blootwoosch, C74ju, CS, ChrisHamburg, Ciciban, Codeispoetry, Der.Traeumer, Diwas, EisfeeNRW, Erky, F.chiodo, Felix Stember, Fix 1998, Francis, Frank-m, Geos, Gnu1742, Graphikus, Hogler, Howwi, Hubertl, Ireas, Jamcelsus, Jo Weber, JuTa, Jón, KGF, Kibert, Labradormix, Langec, Leit, Lycopithecus, M8inSch, Magnummandel, Memorino, Mikue, Mps, Mundartpoet, O.Koslowski, Odin, Olaf Studt, Onlineuser10000, Pawla, Pfir, Philipendula, Philipp Wetzlar, Pittimann, Polypterus, Pschemp, Qualle, Ra'ike, Rauenstein, Reinhard Kraasch, Reinhardhauke, Revvar, Reykholt, Rjh, Rubblesby, Saethwr, Sbaier, Schlurcher, Schubbay, Scooter, Seewolf, Sextant, Sinn, Small Axe, Speifensender, Spuk968, The dood 7475, TomCatX, Touristinfo EOK, Transparent, Umweltschützen, Varina, Walter Koch, Wiegels, Wikiplex, Wst, YourEyesOnly, Zollernalb, 114 anonymous edits

Einschlagkrater *Source*: http://de.wikipedia.org/w/index.php?title=Einschlagkrater *Contributors*: Aka, Andibrunt, Andreas Gruber, Androl, Arbeo, Arma, Arnomane, ArtMechanic, Attallah, Bertonymus, BuSchu, Buergi, Complex, DLichti, DaSch, Der alte Jäger, Diwas, Epo, Erath, Galilea, Geof, Grabenstedt, Gravitophoton, H0tte, HeMei, Herbye, Howwi, Igrimm12, Individualist, Jo Weber, Jürgen Maier, Laufe42, Lotse, Martin-D1, Mats Halldin, Mex, Michael Fiegle, Mnh, Moros, Obersachse, Odin, Packo, Peter200, Phr, Polarlys, Rivi, Rmw, Rufus46, S, Saehrimnir, Saperaud, Sascha Mauel, Schewek, Schlepper, Siggi, Slomox, Spuk968, Stefan Ruehrup, Suisui, TOMM, The-viewer, Thyristor451, V.R.S., Ventrue, Vesta, Xls, Zumthie, 56 anonymous edits

Regenwasser *Source*: http://de.wikipedia.org/w/index.php?title=Regenwasser *Contributors*: A.Savin, ANKAWÜ, Aa1bb2cc3dd4ee5, Aka, Alfdrollinger, Amtiss, Andrew-k, Anybody, Atompilz, Bigbug21, Boonekamp, Bugert, Bücherwürmlein, Cholo Aleman, Complex, Conny, Cornixx, Crystalclear, DasBee, DerHexer, Diba, Don Magnifico, Doudo, Edgeindex, Emkaer, Engelbaet, Fish-guts, Friedrichheinz, Gary Dee, Geos, Giftmischer, Gravitophoton, Hadhuey, Hannes Röst, Hubertl, Huhu, Hungchaka, JCS, Krawi, Kuebi, LKD, Logograph, Martin-vogel, Max Plenert, Mjh, Mnh, Nol Aders, Nolispanmo, OecherAlemanne, Omar35880, Otto Normalverbraucher, PM3, Peter200, Peterlustig, Raenmaen, Rallig, Rat, Regenwilli, Ri st, STBR, Saperaud, Schlesinger, Sese Ingolstadt, Solarteur, Sprachpfleger, Stefan Kühn, SteveK, StromBer, Texec, TheK, TheSkunk, Theonly1, Tim Pritlove, TomAlt, Ulis, Unsterblicher, Vorrauslöscher, Wesener, Westiandi, Wkrautter, Zaungast, 85 anonymous edits

Grundwasser *Source*: http://de.wikipedia.org/w/index.php?title=Grundwasser *Contributors*: 3dc, ANKAWÜ, Aka, Aleks-ger, Alfredovic, Aloiswuest, Aquaman, Armin P., Aruck, Aule, Autan, Avoided, Baird's Tapir, Bello, BesondereUmstaende, Bianco, Bierdimpfl, Bingbaum, Blauer elephant, Brudersohn, Brummfuss, C.wolke, Complex, Crux, Daniel Markovics, Dannoped, DasBee, Der.Traeumer, Diba, Diwas, Djj, DonRolfo, Doudo, Dr. Angelika Rosenberger, Dracula CB, E-W, ErikDunsing, Fairway, Fiat tux, Fix 1998, Fleminra, FreeX, Fullhouse, Geofriese, Geos, Geoz, Gerhardvalentin, Gleiberg, Goldzahn, Grabenstedt, Gravitophoton, H2OMy, Hans J. Castorp, Hans1hans2hans3, Havs, Himuralibima, Hungchaka, Hyronimus299, ImAlive, ImmanuelAlpha, Inkowik, Itsmiles, JCS, Jbo166, Jo Weber, JohannWalter, Kai-Hendrik, Kai11, Karlscharbert, Katharinagrete, Koenraad, LKD, Markus Schweiß, Muscari, Nyks, Olaf Studt, Oliver s., Omi´s Törtchen, PM3, Pemm, Peter Fallis, Peter200, Peterlustig, Pinnipedia, Quikquak, Ra'ike, RacoonyRE, Radian, Rdb, Reservoirdog, RitaC, Rosentod, Saehrimnir, Salitos, Sansculotte, Saperaud, Schreibschaf, Schultss, Simplicius, Sinn, Solvy 123, Stefan Kühn, StephanK, Superbass, Sypholux, Szeneca, Tango8, Thorbjoern, Tkarcher, Tsor, Umweltschützen, Varulv, Vervin, Vilby, Vita678, W!B:, Wiki-Hypo, Wikimensch, Wissen, Xqt, YourEyesOnly, Zahnstein, Zaphiro, Zeit ist unendlich, Zürcher, 128 anonymous edits

Verdunstung *Source*: http://de.wikipedia.org/w/index.php?title=Verdunstung *Contributors*: 24-online, Armin P., Augiasstallputzer, Avoided, Bdk, Brummfuss, Capaci34, Chaddy, Complex, D, Dansker, Decius, Deeroy, Diba, Engie, Enzyklopädist, Geitost, Gmeyer, Halbarath, Hardenacke, Hati, Hosse, Idler, Ingolf, Inner.glow, Iokseng, Iste Praetor, Istzustand, Jivee Blau, Jü, Kein

Einstein, Kku, Koethnig, Kookaburra, Korinth, Krauthexe, Linveggie, Louis Bafrance, Mabschaaf, Markus Schweiß, Martin Bahmann, Memmingen, Minutemen, Mnh, Morten Haan, NeoXtrim, Nirakka, Peter200, Pittimann, Progamer1500, Qaswed, Quilbert, Raubfisch, Rdb, Regi51, Reinhard Kraasch, Saperaud, Schandi, Schubbay, Seboston, Semper, Spuk968, Stefanbcn, TMaschler, Thomas, Tillmann Walther, Tim Mittenwald, Tsor, WIKImaniac, Wetterman-Andi, Wolfgang1018, Yoda1893, YourEyesOnly, Zaibatsu, Zenit, 91 anonymous edits

Erosion_(Geologie) *Source*: http://de.wikipedia.org/w/index.php?title=Erosion_%28Geologie%29 *Contributors*: Aka, AlMa77, AloisRochus, Arcy, Aristeas, Berliner Schildkröte, Besserwissi, Brummfuss, Brühl, Bubo bubo, Böhringer, CommonsDelinker, Diba, Dominix, Dontworry, Durlach7, Ed.dunkel, El Grafo, Engeser, Ephraim33, EwigLernender, Felix Stember, Fristu, FritzG, GDK, Gary Dee, Geoz, Gerhardvalentin, Glaubach, Gublerian, Gustavsson321, He3nry, Hei ber, Hkoeln, Hofres, Howwi, Hubertl, HylgeriaK, Hystrix, Igelball, Inkowik, Ireas, Iste Praetor, Jed, Jivee Blau, Jo Weber, Kaisersoft, Knoerz, Korinth, Krischan111, Krächz, Laudrin, Loeschie, Marom, Mike Krüger, NCC1291, Numbo3, Obersachse, Operivar, Ot, Pascal17, Peter Littmann, Pfieffer Latsch, Pilettes, Pittimann, Polarlys, ProfessorX, Randolph33, Rauenstein, Raymond, Regi51, ReiKi, Robert Weemeyer, Rudolf Pohl, Saperaud, Schlurcher, Shadak, Siehe-auch-Löscher, Sinn, Sir, Small Axe, Spades, Spuk968, Steffen2, Tafkas, Template namespace initialisation script, Thorbjoern, Till.niermann, Tobi B., Tobnu, Tönjes, USt, Ulrichstill, Uwe Gille, VanGore, Vergelter, W!B:, Webkart, Weschke, Wilson44691, Wolfgang1018, Zaungast, 88 anonymous edits

Wasserkreislauf *Source*: http://de.wikipedia.org/w/index.php?title=Wasserkreislauf *Contributors*: 24-online, A.Savin, AN, Acf, Aka, Andreas75, AndyNE, Avoided, BJ Axel, Bernhard Wallisch, BesondereUmstaende, Blah, Blaubahn, Blaufisch, Brummfuss, Cafuso, Chb, Chesk, Cliffhanger, Complex, DerHexer, Diba, Engie, Entlinkt, Enzyklopädist, Etix, Euku, Euphoriceyes, FritzG, Geoz, Gerbil, Gerhardvalentin, HaeB, Halbarath, Heinte, Hermannthomas, Holger666, Inkowik, Jackalope, Jivee Blau, JohannWalter, Joooo, Kku, Knueller, Krawi, Kubrick, LKD, Laudrin, Liberal Freemason, Louis Bafrance, Magnummandel, Markus Bärlocher, Markus Pfeil, Matzematik, Media lib, Mghansen256, Nepenthes, Nocturne, Obersachse, Ordnung, Ot, Otto Normalverbraucher, Paramecium, PatDi, PeeCee, Peter200, Pfalzfrank, Philipp Zeuch, Pittimann, Regi51, Renekaemmerer, Roland Kaufmann, Roland1952, Roo1812, RoswithaC, Rufus46, Saperaud, Sinn, Sny, Sokonbud, Solid State, Spuk968, StefanC, StiEbiz, T.a.k., TheSkunk, Thomas, Tobi B., Tönjes, V.R.S., WAH, Weberwa, Wetterman-Andi, Wkrautter, Wolfgang1018, YourEyesOnly, Zerohund, Zollernalb, Zum, 215 anonymous edits

Pflanzen *Source*: http://de.wikipedia.org/w/index.php?title=Pflanzen *Contributors*: 1971markus, 8ung, A.Savin, A.Stöckli, Abendstrom, Achates, Achim Raschka, Aglarech, Aka, Akw, Aloiswuest, Andre Engels, AnjaK, Anneke Wolf, Apusapus, Armin P., Aspiriniks, Avoided, Avoidmeo, Ax, Bera, Bernhard Riemann, Bertonymus, BesondereUmstaende, Birger Fricke, Björn Bornhöft, Blah, Blaufisch, Blueword, Blumenfischer, Brudersohn, Carol.Christiansen, Carstor, Cecil, Charlynickel, Chesk, Chotaire, ChrisHamburg, Chrisfrenzel, ChristianBier, Ciciban, Clemensfranz, Codeispoetry, Complex, Conny, Conversion script, Cottbus, D, DanielHerzberg, DasBee, Dbenzhuser, Denis Barthel, Der.Traeumer, DerHexer, Diba, Doc Taxon, DonLeone, Echoray, Eckhart Wörner, El., Elektrolurch, Engie, Entlinkt, ErikDunsing, Erwin E aus U, Euphoriceyes, Fcm, FelixP, Fish-guts, Fix 1998, Flaovia, Flo 1, Franz Xaver, Franz08154711, FritzG, Fugger123, G-Star01, Gdarin, Gerbil, Gerhardvalentin, Glenn, Gravitophoton, Grey Geezer, Griensteidl, Guidod, HaSee, Hanno Sandvik, Hans J. Castorp, HardDisk, Havelbaude, He3nry, Heinrich Himmler, Helfer3, Howwi, Hozro, Hubertl, Humboldt1769, Hwneumann, Hydro, Hyperboreios, Hystrix, Inkowik, Iste Praetor, JCIV, Jens Lallensack, Jergen, Jesusfreund, Jivee Blau, Jonathan Haas, Juesch, Kaisersoft, Kam Solusar, Karina1234, Kku, Klemen Kocjancic, Korinth, Krawi, Kubrick, Kurt Jansson, LKD, Leo Michels, Leyo, M.M, MGR, Maggot, Magnummandel, Magnus Manske, Manwe 81, Martin Bahmann, Martin-vogel, Martin1978, Mathias Schindler, Matro, Matt314, Matthias M., Matthäus Wander, Max4288, Meisterkoch, Migas, Mikue, Miralf, Mnh, Mr.McLeod, Muscari, My new room, Möchtegern, Naho, Naturchen, Neg, Nicolas G., Nicor, Nina, Niteshift, Nolispanmo, O.Koslowski, Ot, Ottomanisch, Paddy, Patrick G. DLG, Pendulin, Peter200, Pfalzfrank, PhJ, Phil41, Pinnipedia, Pion, Pittimann, Plattmaster, Primus von Quack, Qui kra, Ra'ike, Regi51, Reinhard Kraasch, Renekaemmerer, Romarius, RonMeier, Roo1812, STBR, Schewek, Schleiluft, Schuetzm, Scooter, Sechmet, Seegraswiese, Seewolf, Semper, Shisha, Sinn, Small Axe, Southpark, SpinnerSäufer, Spuk968, Srittau, StYxXx, Stefan Kühn, Steffen, Streifengrasmaus, Succu, Sypholux, T ornado*285, Tadesse, Tafkas, Tci, Textkorrektur, TheWolf, Thorbjoern, Tigerente, Tinz, Tobi B., Tobias Bergemann, Tococa, Togo, Tollsau, Triebtäter, Tönjes, Ulz, Umweltschützen, Vikipedija, Vinci, Vinimontanus, Vogelfreund, WAH, Wesche59, Wicket, Wiki4all, Wissen, Wolfgang H., Wolfgang1018, Wst, YMS, YourEyesOnly, Zaibatsu, Zaphiro, Zapyon, Zinnmann, ° the Bench °, 436 anonymous edits

Tier *Source*: http://de.wikipedia.org/w/index.php?title=Tier *Contributors*: .rhavin, 24karamea, A-4-E, A.Savin, ADK, Achim Raschka, Aglarech, Ahueneke, Aka, Alauda, Alexmagnus, Alkab, Allanon, Alnilam, Andre Engels, AndreasPraefcke, Androl, Andrsvoss, Andy king50, Anhi, Avoided, Baird's Tapir, Balbor Than, Balû, Ben-Zin, Björn Bornhöft, Blaubahn, Bob A, Bomber-oboom, Bradypus, Brudersohn, Buxul, C-M, Carbidfischer, ChrisHamburg, Christian Bartolomäus, Christian Specht, ChristianBier, Church of emacs, Ckeen, CommonsDelinker, Communicare, Conversion script, Corrigo, Couleuvre d´Esculape, Cranium-ADPase, D, Daniela Fischer, Dansker, Denis Barthel, Der ohne Benutzername, DerGraueWolf, DerHerrMigo, DerHexer, Diba, Doc Taxon, Don Quichote, DonCalle, Dreisam, Drägü, Dundak, Eckhart Wörner, Ed.dunkel, Edda32, Ek-zwerg, Elian, Engie, ErikDunsing, Esteban Franz Tichy, Experimente, Feliks4 2, Flo 1, Florian Adler, Gerbil, Gilliamjf, Gorp, Grey Geezer, HAL Neuntausend, HaeB, Hans J. Castorp, Haplochromis, HenHei, Hermannthomas, High Contrast, Hoo man, Horst-Kevin, IOOI, Ilja Lorek, Init, Inkowik, Ixitixel, JakobVoss, Janschejbal, Jekub, Jergen, Jesusfreund, Jivee Blau, Jonathan Hornung, Juesch, Kam Solusar, Karl-Henner, Katharina, Kavaiyan, Kku, Krauseba, Kuebi, Kulac, LKD, Levin, LightWolf, Lipstar, Logograph, Lord Nick, Lyzzy, MKT, Magnummandel, Magnus Manske, Marcus Cyron, MarkusHagenlocher, Martin Bahmann, Martin-vogel, Matt1971, Mattes, Matthias1987, Media lib, Micha es, Mikue, Mixia, Monsi, Morruk, Naddy, Nb, Nefautpas, Netspy, Nicolas G., Nicolas67, Nikkis, Nockel12, Nolispanmo, Odin, OecherAlemanne, Olei, Ot, Paddy, Pahu, Paveway, Pendulin, Peter Buch, Peter200, Pfalzfrank, PhJ, Philipendula, Philipp Wetzlar, Pittimann, Pixelfire, Popie, Prinzenrolle, Quirin, Rainer Lippert, Regani, Regi51, Reinhard Kraasch, Ri st, Roo1812, S.Didam, STBR, Sampler1995, Sanisha, Saperaud, Schlind, Schmei, Schniggendiller, Schwarzseher, Scooter, Seewolf, Sepia, Shinryuu, Sinn, SiriusB, Skara Brae, Small Axe, Smial, Soebe, Southpark, Sovok, Spuk968, Stechlin, Stefan Kühn, Steinbach, Stern, Sukarnobhumibol, Supachegga, Superbass, Supereditor, Taadma, Td, The DM, TheWolf, Tigerente, Till Menke, Tinz, Tolanor, TomCatX, Traroth, Tsui, Tönjes, Umweltschützen, Unscheinbar, Unsterblicher, Unukorno, VetLH, WAH, Wahldresdner, Wamito, Wgtranquillo, WinfriedSchneider, Wolfgang1018, Wst, Wurstendbinder, YourEyesOnly, Zaibatsu, Zaphiro, Zenon, Zumbo, €pa, 299 anonymous edits

Säuresee *Source*: http://de.wikipedia.org/w/index.php?title=S%C3%A4uresee *Contributors*: BS Thurner Hof, Claus Ableiter, Daniel4453, Density, Entlinkt, Hydro, Nepomucki, RobertLechner, Sat Ra, StYxXx, Tomdo08, 3 anonymous edits

Image Sources, Licenses and Contributors

Datei:Photo-request.svg *Source*: http://de.wikipedia.org/w/index.php?title=Datei:Photo-request.svg *License*: unknown *Contributors*: User:G.Hagedorn

Datei:DirkvdM irazu 4.jpg *Source*: http://de.wikipedia.org/w/index.php?title=Datei:DirkvdM_irazu_4.jpg *License*: unknown *Contributors*: Closeapple, DirkvdM, Mircea, Rémih, Wst, 1 anonymous edits

Datei:Wenchi ethiopia.jpg *Source*: http://de.wikipedia.org/w/index.php?title=Datei:Wenchi_ethiopia.jpg *License*: unknown *Contributors*: Steffen Wurzel

Datei:Pinatubo(052005).jpg *Source*: http://de.wikipedia.org/w/index.php?title=Datei:Pinatubo(052005).jpg *License*: unknown *Contributors*: Magalhães, Rémih, 2 anonymous edits

Datei:Lake nyos.jpg *Source*: http://de.wikipedia.org/w/index.php?title=Datei:Lake_nyos.jpg *License*: unknown *Contributors*: Amcaja, EugeneZelenko, Frédéric Mahé, KRLS, Rémih, 1 anonymous edits

Datei:Bosumtwi Worldwind SW.jpg *Source*: http://de.wikipedia.org/w/index.php?title=Datei:Bosumtwi_Worldwind_SW.jpg *License*: unknown *Contributors*: User:Vesta

Datei:Flag of Cameroon.svg *Source*: http://de.wikipedia.org/w/index.php?title=Datei:Flag_of_Cameroon.svg *License*: unknown *Contributors*: (of code)

Datei:Cameroon_COA.svg *Source*: http://de.wikipedia.org/w/index.php?title=Datei:Cameroon_COA.svg *License*: unknown *Contributors*: -

Datei:Cameroon in its region.svg *Source*: http://de.wikipedia.org/w/index.php?title=Datei:Cameroon_in_its_region.svg *License*: unknown *Contributors*: TUBS

Datei:Kamerun-karte-politisch.png *Source*: http://de.wikipedia.org/w/index.php?title=Datei:Kamerun-karte-politisch.png *License*: unknown *Contributors*: Original uploader was Domenico-de-ga at de.wikipedia

Datei:Cameroon Topography.png *Source*: http://de.wikipedia.org/w/index.php?title=Datei:Cameroon_Topography.png *License*: unknown *Contributors*: User:Sadalmelik

Datei:Cameroon-demography.png *Source*: http://de.wikipedia.org/w/index.php?title=Datei:Cameroon-demography.png *License*: unknown *Contributors*: Amcaja, Demmo, Valérie75

Datei:Karte von Camerun.jpg *Source*: http://de.wikipedia.org/w/index.php?title=Datei:Karte_von_Camerun.jpg *License*: unknown *Contributors*: Bdk, Electionworld, Rémih, Sven-steffen arndt, Wst, ¡0-8-15!

Datei:Bundesarchiv Bild 163-051, Kamerun, Weihnachten am Mungo.jpg *Source*: http://de.wikipedia.org/w/index.php?title=Datei:Bundesarchiv_Bild_163-051,_Kamerun,_Weihnachten_am_Mungo.jpg *License*: unknown *Contributors*: Elya, Martin H., Milgesch, Trockennasenaffe

Datei:Biya & Marquardt.JPG *Source*: http://de.wikipedia.org/w/index.php?title=Datei:Biya_&_Marquardt.JPG *License*: unknown *Contributors*: U.S. Embassy Yaounde

Datei:Dairou Yaouba with Rapid Battlion Intervention authorities.JPG *Source*: http://de.wikipedia.org/w/index.php?title=Datei:Dairou_Yaouba_with_Rapid_Battlion_Intervention_authorities.JPG *License*: unknown *Contributors*: Amcaja, Martin H., Trockennasenaffe

Datei:Cameroon provinces french.png *Source*: http://de.wikipedia.org/w/index.php?title=Datei:Cameroon_provinces_french.png *License*: unknown *Contributors*: User:Golbez

Datei:Cameroon-Yaounde01.jpg *Source*: http://de.wikipedia.org/w/index.php?title=Datei:Cameroon-Yaounde01.jpg *License*: unknown *Contributors*: Mac9, Pilgab, 2 anonymous edits

Datei:Logging truck and bush taxi accident.jpg *Source*: http://de.wikipedia.org/w/index.php?title=Datei:Logging_truck_and_bush_taxi_accident.jpg *License*: unknown *Contributors*: Amcaja, RedWolf

Datei:Nso muetzen.jpg *Source*: http://de.wikipedia.org/w/index.php?title=Datei:Nso_muetzen.jpg *License*: unknown *Contributors*: Amcaja, KarlHeinrich, Manducus, Skipjack, 1 anonymous edits

Datei:BRD - Kamerun.jpg *Source*: http://de.wikipedia.org/w/index.php?title=Datei:BRD_-_Kamerun.jpg *License*: unknown *Contributors*: Dustsucker, Florian K, Lumijaguaari, Pepito, Responsible?

Datei:Hemichromis bimaculatus.jpg *Source*: http://de.wikipedia.org/w/index.php?title=Datei:Hemichromis_bimaculatus.jpg *License*: unknown *Contributors*: Nicolas COUTHOUIS

Datei:Cichlidae map.png *Source*: http://de.wikipedia.org/w/index.php?title=Datei:Cichlidae_map.png *License*: unknown *Contributors*: User:Etrusko25

Datei:Crenicichla punctata.jpg *Source*: http://de.wikipedia.org/w/index.php?title=Datei:Crenicichla_punctata.jpg *License*: unknown *Contributors*: Cláudio D. Timm

Datei:Group of Pterophyllum Altum.jpg *Source*: http://de.wikipedia.org/w/index.php?title=Datei:Group_of_Pterophyllum_Altum.jpg *License*: unknown *Contributors*: Pristigaster, 1 anonymous edits

Datei:Diskuslaich1.jpeg *Source*: http://de.wikipedia.org/w/index.php?title=Datei:Diskuslaich1.jpeg *License*: unknown *Contributors*: User:Fg-tiger

Datei:Congochromis sabinae Tshuapa.jpg *Source*: http://de.wikipedia.org/w/index.php?title=Datei:Congochromis_sabinae_Tshuapa.jpg *License*: unknown *Contributors*: User:Udo12345

Datei:Garibaldi fish.jpg *Source*: http://de.wikipedia.org/w/index.php?title=Datei:Garibaldi_fish.jpg *License*: unknown *Contributors*: star5112 / John

Datei:Etroplus Maculatus.JPG *Source*: http://de.wikipedia.org/w/index.php?title=Datei:Etroplus_Maculatus.JPG *License*: unknown *Contributors*: User:Raghu.kuttan

Datei:Moderlieschen_Eier.jpg *Source*: http://de.wikipedia.org/w/index.php?title=Datei:Moderlieschen_Eier.jpg *License*: unknown *Contributors*: Michael Joachim Lucke

Datei:Spongillidae.edge.jpg *Source*: http://de.wikipedia.org/w/index.php?title=Datei:Spongillidae.edge.jpg *License*: unknown *Contributors*: Oleg Kirillow

Datei:Vierwaldstaettersee.jpg *Source*: http://de.wikipedia.org/w/index.php?title=Datei:Vierwaldstaettersee.jpg *License*: unknown *Contributors*: User:Ttrainer

Datei:Lake urmia, salt crystals.jpg *Source*: http://de.wikipedia.org/w/index.php?title=Datei:Lake_urmia,_salt_crystals.jpg *License*: unknown *Contributors*: Ehsan Mahdiyan

Datei:Faaker See - Blick nach Norden.jpg *Source*: http://de.wikipedia.org/w/index.php?title=Datei:Faaker_See_-_Blick_nach_Norden.jpg *License*: unknown *Contributors*: User:Thomas G. Graf

Datei:Ammersee 29.01.2006.jpg *Source*: http://de.wikipedia.org/w/index.php?title=Datei:Ammersee_29.01.2006.jpg *License*: unknown *Contributors*: User:T. Then

Datei:See im Spreewald.jpg *Source*: http://de.wikipedia.org/w/index.php?title=Datei:See_im_Spreewald.jpg *License*: unknown *Contributors*: Original uploader was Oktaeder at de.wikipedia (Original text : Vater von Oktaeder)

Datei:See armisvesi in finnland.JPG *Source*: http://de.wikipedia.org/w/index.php?title=Datei:See_armisvesi_in_finnland.JPG *License*: unknown *Contributors*: User:VinylVictim

Datei:Isernhagen See Calvörde.JPG *Source*: http://de.wikipedia.org/w/index.php?title=Datei:Isernhagen_See_Calvörde.JPG *License*: unknown *Contributors*: User:Nuxvonhier

Datei:Volcano.jpeg *Source*: http://de.wikipedia.org/w/index.php?title=Datei:Volcano.jpeg *License*: unknown *Contributors*: Dbenbenn, Jurema Oliveira, Mattes, Rémih

Datei:Hverfjall (2).jpg *Source*: http://de.wikipedia.org/w/index.php?title=Datei:Hverfjall_(2).jpg *License*: unknown *Contributors*: User:Chmee2, user:Valtameri

Datei:Laki Iceland East.JPG *Source*: http://de.wikipedia.org/w/index.php?title=Datei:Laki_Iceland_East.JPG *License*: unknown *Contributors*: User:TommyBee

Datei:Chainedespuys.png *Source*: http://de.wikipedia.org/w/index.php?title=Datei:Chainedespuys.png *License*: unknown *Contributors*: F. THURION Original uploader was Accrochoc at fr.wikipedia

Datei:Vulkankegel_auf_Lanzarote_7284.jpg *Source*: http://de.wikipedia.org/w/index.php?title=Datei:Vulkankegel_auf_Lanzarote_7284.jpg *License*: unknown *Contributors*: User:Alchemist-hp

Datei:Aniakchak-caldera alaska.jpg *Source*: http://de.wikipedia.org/w/index.php?title=Datei:Aniakchak-caldera_alaska.jpg *License*: unknown *Contributors*: M. Williams, National Park Service

Datei:Teide and Caldera 2006.jpg *Source*: http://de.wikipedia.org/w/index.php?title=Datei:Teide_and_Caldera_2006.jpg *License*: unknown *Contributors*: Jens Steckert

Datei:Pinatubo92pinatubo caldera crater lake.jpg *Source*: http://de.wikipedia.org/w/index.php?title=Datei:Pinatubo92pinatubo_caldera_crater_lake.jpg *License*: unknown *Contributors*: Apollo 8, Black Tusk, Rémih, Snty-tact, Thgoiter, Túrelio

Datei:Santorini Landsat.jpg *Source*: http://de.wikipedia.org/w/index.php?title=Datei:Santorini_Landsat.jpg *License*: unknown *Contributors*: NASA

Datei:Toba zoom.jpg *Source*: http://de.wikipedia.org/w/index.php?title=Datei:Toba_zoom.jpg *License*: unknown *Contributors*: Denys, Gilgameshkun, Joolz, Martin H., Olivier2, Rémih, Thuresson, 1 anonymous edits

Datei:SaoMiguel setecitades.jpg *Source*: http://de.wikipedia.org/w/index.php?title=Datei:SaoMiguel_setecitades.jpg *License*: unknown *Contributors*: User:Martin Herbst

Datei:sakura-jima from space.jpg *Source*: http://de.wikipedia.org/w/index.php?title=Datei:Sakura-jima_from_space.jpg *License*: unknown *Contributors*: GDK, J.delanoy, Pazuzu, Pierre cb, Tony Wills, 2 anonymous edits

Datei:Mýrdalsjökull 2 Iceland.JPG *Source*: http://de.wikipedia.org/w/index.php?title=Datei:Mýrdalsjökull_2_Iceland.JPG *License*: unknown *Contributors*: User:TommyBee

Datei:Olympusmons kl.jpg *Source*: http://de.wikipedia.org/w/index.php?title=Datei:Olympusmons_kl.jpg *License*: unknown *Contributors*: NASA/JPL

Datei:Ukinrek Maars, Alaska.jpg *Source*: http://de.wikipedia.org/w/index.php?title=Datei:Ukinrek_Maars,_Alaska.jpg *License*: unknown *Contributors*: C. Nye, Alaska Division of Geological and Geophysical Surveys

Datei:Ulmenermaar01.jpg *Source*: http://de.wikipedia.org/w/index.php?title=Datei:Ulmenermaar01.jpg *License*: unknown *Contributors*: A.Savin

Datei:Maar USGS.jpg *Source*: http://de.wikipedia.org/w/index.php?title=Datei:Maar_USGS.jpg *License*: unknown *Contributors*: R. Russell, Alaska Department of Fish and Game

Datei:maare.jpg *Source*: http://de.wikipedia.org/w/index.php?title=Datei:Maare.jpg *License*: unknown *Contributors*: User:M8in Sch

Datei:WeinfelderMaar.jpg *Source*: http://de.wikipedia.org/w/index.php?title=Datei:WeinfelderMaar.jpg *License*: unknown *Contributors*: Reinhard Kraasch at de.wikipedia

Datei:SchalkenmehrenerMaar.jpg *Source*: http://de.wikipedia.org/w/index.php?title=Datei:SchalkenmehrenerMaar.jpg *License*: unknown *Contributors*: Original uploader was Reinhard Kraasch at de.wikipedia

Datei:Gour de Tazenat.JPG *Source*: http://de.wikipedia.org/w/index.php?title=Datei:Gour_de_Tazenat.JPG *License*: unknown *Contributors*: User:Romary

Datei:Gosses Bluff Northern Territory Australia.jpg *Source*: http://de.wikipedia.org/w/index.php?title=Datei:Gosses_Bluff_Northern_Territory_Australia.jpg *License*: unknown *Contributors*: Original uploader was Mex at de.wikipedia

Datei:Ries Impact 1 de.png *Source*: http://de.wikipedia.org/w/index.php?title=Datei:Ries_Impact_1_de.png *License*: unknown *Contributors*: User:Vesta

Datei:Ries Impact 2.png *Source*: http://de.wikipedia.org/w/index.php?title=Datei:Ries_Impact_2.png *License*: unknown *Contributors*: User:Vesta

Datei:Ries Impact 3.png *Source*: http://de.wikipedia.org/w/index.php?title=Datei:Ries_Impact_3.png *License*: unknown *Contributors*: User:Vesta

Datei:Ries Impact 4.png *Source*: http://de.wikipedia.org/w/index.php?title=Datei:Ries_Impact_4.png *License*: unknown *Contributors*: User:Vesta

Datei:Ries Impact 5 de.png *Source*: http://de.wikipedia.org/w/index.php?title=Datei:Ries_Impact_5_de.png *License*: unknown *Contributors*: User:Vesta

Datei:Impakt Krater Manicouagan Quebec.jpg *Source*: http://de.wikipedia.org/w/index.php?title=Datei:Impakt_Krater_Manicouagan_Quebec.jpg *License*: unknown *Contributors*: NASA/GSFC/LaRC/JPL/MISR Team

Datei:Landsat Meteor Crater.jpg *Source*: http://de.wikipedia.org/w/index.php?title=Datei:Landsat_Meteor_Crater.jpg *License*: unknown *Contributors*: Fietsbel, Howcheng, Hydrargyrum, Mats Halldin, Saperaud, 1 anonymous edits

Datei:Raindrops.jpg *Source*: http://de.wikipedia.org/w/index.php?title=Datei:Raindrops.jpg *License*: unknown *Contributors*: Original uploader was Alexbuirds at en.wikipedia

Datei:Uetersen Pumpwerk Regenwasser.jpg *Source*: http://de.wikipedia.org/w/index.php?title=Datei:Uetersen_Pumpwerk_Regenwasser.jpg *License*: unknown *Contributors*: User:Huhu Uet

Datei:Jizerske-hory-031.jpg *Source*: http://de.wikipedia.org/w/index.php?title=Datei:Jizerske-hory-031.jpg *License*: unknown *Contributors*: User:Ralf Roletschek

Datei:Herdecke Regensickerbecken.jpg *Source*: http://de.wikipedia.org/w/index.php?title=Datei:Herdecke_Regensickerbecken.jpg *License*: unknown *Contributors*: User:Raenmaen

Datei:Grundwasser01.jpg *Source*: http://de.wikipedia.org/w/index.php?title=Datei:Grundwasser01.jpg *License*: unknown *Contributors*: Markus Schweiss

Datei:CH-AI - Grundwasserschutzgebiet.jpg *Source*: http://de.wikipedia.org/w/index.php?title=Datei:CH-AI_-_Grundwasserschutzgebiet.jpg *License*: unknown *Contributors*: User:ANKAWÜ

Datei:Feuchte Luft.png *Source*: http://de.wikipedia.org/w/index.php?title=Datei:Feuchte_Luft.png *License*: unknown *Contributors*: Aushulz, Cepheiden, Pieter Kuiper, Saperaud

Datei:Lower_Antelope_Canyon_478.jpg *Source*: http://de.wikipedia.org/w/index.php?title=Datei:Lower_Antelope_Canyon_478.jpg *License*: unknown *Contributors*: User:Meckimac

Datei:Erosion_durch_wasser.jpg *Source*: http://de.wikipedia.org/w/index.php?title=Datei:Erosion_durch_wasser.jpg *License*: unknown *Contributors*: Benutzer:MatthiasKabel

Datei:Poel, Südwestküste.jpg *Source*: http://de.wikipedia.org/w/index.php?title=Datei:Poel,_Südwestküste.jpg *License*: unknown *Contributors*: User:Rauenstein

Datei:Erosion_soiernspitze.jpg *Source*: http://de.wikipedia.org/w/index.php?title=Datei:Erosion_soiernspitze.jpg *License*: unknown *Contributors*: User:Glaubach

Datei:NegevWadi2009.JPG *Source*: http://de.wikipedia.org/w/index.php?title=Datei:NegevWadi2009.JPG *License*: unknown *Contributors*: User:Wilson44691

Datei:Wasserkreislauf.png *Source*: http://de.wikipedia.org/w/index.php?title=Datei:Wasserkreislauf.png *License*: unknown *Contributors*: Albedo-ukr, Saperaud, Wikimurmeltier, 8 anonymous edits

Datei:PinusSylvestris.jpg *Source*: http://de.wikipedia.org/w/index.php?title=Datei:PinusSylvestris.jpg *License*: unknown *Contributors*: Original uploader was Ramin Nakisa at en.wikipedia

Datei:Lebenszyklus Moose.svg *Source*: http://de.wikipedia.org/w/index.php?title=Datei:Lebenszyklus_Moose.svg *License*: unknown *Contributors*: User:LadyofHats, User:Matthias M.

Datei:Animal diversity.png *Source*: http://de.wikipedia.org/w/index.php?title=Datei:Animal_diversity.png *License*: unknown *Contributors*: User:Anilocra, User:Bkmiles, User:Kevincollins123, User:Lviatour, User:Medeis, User:Nhobgood, User:Opoterser, User:Panda3, user:Australianplankton

Bild:DirkvdM irazu 4.jpg *Source*: http://de.wikipedia.org/w/index.php?title=Datei:DirkvdM_irazu_4.jpg *License*: unknown *Contributors*: Closeapple, DirkvdM, Mircea, Rémih, Wst, 1 anonymous edits

File:Maly Semjatschik.jpg *Source*: http://de.wikipedia.org/w/index.php?title=Datei:Maly_Semjatschik.jpg *License*: unknown *Contributors*: User:Svickova

Printed by Books on Demand GmbH, Norderstedt / Germany